三陸のサケ

復興のシンボル

上田 宏 編著

北海道大学出版会

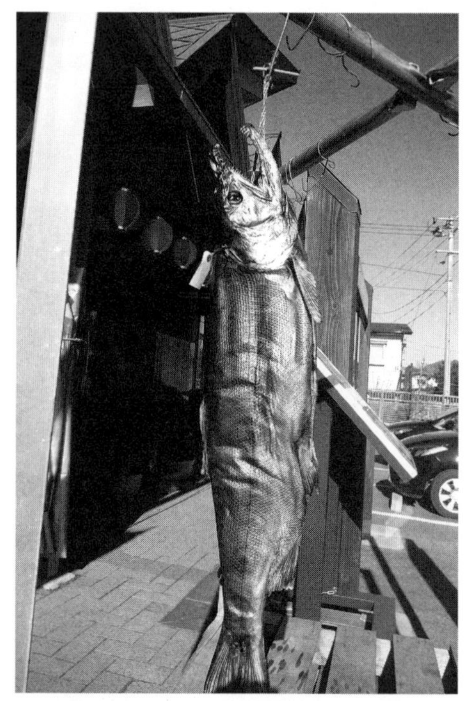

三陸のとある道の駅で見つけた南部の鼻曲がりサケ(帰山雅秀撮影)

はじめに

2011年(平成23年)3月11日午後2時46分，東日本の三陸沖を震源とする国内観測史上最大のマグニチュード9.0の巨大地震が発生した。この地震は大規模な津波を誘発して東日本の三陸を含めた太平洋沿岸地域に甚大な被害をもたらし，特に水産業・漁港被害は農業・林業を含めた他産業の被害の約2倍強の5,650億円といわれている。また，これまで水産業を経済的基盤として営々と築いてきた漁村をも破壊し，多くの人が移転を余儀なくされている。現在，安全の確保，暮らしの再建となりわいの再生を目指して多くの人たちの努力で地域インフラの整備が鋭意進められており，一刻も早い復興が待たれる。

三陸の水産業はサケ漁業に負っているところが大きい。1960年代にサケの人工ふ化放流が本格的に行われて以来，三陸地方のサケの漁獲量は増加して，加工業を含めたサケ産業は盛んになった。シロザケやサクラマスなどの太平洋サケ(以下サケと総称)は，リン脂質に富み，かつ，栄養的にはバランスのよい高タンパクで低カロリー食であると共に，EPAやDHAを多く含有していて疾病予防などの機能性食材でもある。加えて，サケは古来，縁起物として珍重されてきた側面もあって，三陸を含む東日本の各地ではサケの郷土料理が数多く残されていて，地域独自の食文化を発達させてきた。

このように，サケは地域の食文化や水産業を支えていて産業的に重要であるが，その一方，サケの一生はいまだ神秘的な謎に満ちていて，生物学的にもきわめて興味深い対象として，多くの研究者をひきつけている。サケは淡水で生まれ，海に下って餌を求めて回遊(索餌回遊)して成長した後，生まれた川(母川)に帰って産卵し，次世代の子孫を残してその一生を終える。この変化に富んだ一生を生態学的にも，生理学的にもさらに理解してサケの人工増殖事業に応用し，サケ資源の増大に寄与することが復興の一助となるものと思われる。

サケは淡水起源の魚である。その進化の過程で生息域を海に広げてきた。サケは受精後産卵床内でふ化して栄養源である卵黄を吸収し終えると産卵床から脱け出して浮上し，自ら餌を摂るようになる。サケのうち，カラストマスやシロザケは浮上後降海するが，サクラマスやベニザケは１年以上淡水中で生活した後，翌春以降に降海する。このようなサケの種類による降海前の淡水生活期間の違いは，サケの進化と関連していて，長い淡水生活期間のサクラマスやベニザケから，短い淡水生活期間で降海するシロザケやカラフトマスへ進化していることになる。今，我々はまさに，サケの進化の過程を見ているのである。

さて，淡水起源であるサケが降海して海洋生活をするからといって，生まれながらに海水中で生きる能力(海水適応能)をもっている訳ではない。したがって，サケが海洋で生きていくためにはまず降海に先立って，海水適応能を獲得しなければならない。そして，海洋から母川に戻ってくるためには生まれた川を記憶(母川記銘)してから降海行動を起こさなければならない。海洋では生存を脅かす諸々の環境要因に対応しながら餌を求めて回遊する。充分に成長したサケは母川を思い出すと共に生殖腺の発達を開始して母川へ向かう。サケは，例えばシロザケは北部北太平洋からどのようにして生まれた川に戻ってくるのだろうか。これらの現象にはその折々にサケの行動に与える生理学的，または生態学的要因が影響を及ぼしているのであろう。これらの現象のメカニズムの多くはいまだ完全には解明されていない。したがって，それらの解明のための研究成果をサケ増殖事業に応用することは，その事業の進展にとってきわめて重要である。

さて，水産業は水産物の生産から加工—流通—販売までの関連する分野を包含する裾野の広い産業である。それらに関して，これまでに多くの研究がなされているが，本書は主に三陸地方のシロザケとサクラマスの研究に多方面からかかわっている研究者が，三陸地方の水産業の復興を願って，各々の担当分野の現状と課題についてまとめたものである。このなかにはサケの生産を保障する海洋環境がその生態に及ぼす影響についても触れられている。

本書は５部で構成されている。序章ではわが国の太平洋サケが述べられている。第Ⅰ部から第Ⅲ部までは，主にサケの環境・生産にかかわる研究について紹介されているが，それらのうち，第Ⅰ部では三陸地方のシロザケとサクラマス漁業の現状と今後の課題について述べられている。また，第Ⅱ部では復興のためには新しい生産技術が必要であることを説明し，生産性の高い陸上養殖技術を紹介している。第Ⅲ部には回帰に関するサケの生理学，生態学，遺伝学的研究がサケ放流事業にどのように応用されるのかについて紹介されている。そして，最後の第Ⅳ部では三陸地方の流通・加工・消費の現状に関する調査研究をもとに，水産加工業を中心とした水産業の復興のあり方を提言している。

以上の本書で紹介されたサケに関する研究が，サケ産業と漁村の復興に少しでも貢献できればと切に願っている。サケ産業の発展なくして東日本大震災によって破壊された三陸の水産業と漁村の復興は考えられない。そういう意味において，まさしくサケは復興のシンボルである。

尚，本書の一部は科学技術振興機構(復興促進プログラム)，文部科学省(東北マリンサイエンス拠点形成事業)，農林水産省(東日本大震災復興関連事業)の支援を受けて行った研究成果が含まれている。

2014年11月6日

愛媛大学社会連携推進機構教授・愛媛大学南予水産研究センター長・
岩手大学客員教授

山内皓平

目　次

第II部　陸上養殖技術

第III部　回帰性に関する生理・生態・遺伝学

第IV部　加工・流通に関する調査研究

序章 日本の太平洋サケ

上田　宏

1．日本の太平洋サケ

わが国には太平洋サケ（*Oncorhynchus* 属）が，4 種（カラフトマス *O. gorbuscha*，シロザケ *O. keta*，ベニザケ *O. nerka*，サクラマス *O. masou*）生息する。それらの生活史はカラフトマス・シロザケとベニザケ・サクラマスで大きく異なる。カラフトマスとシロザケの稚魚は浮上後，数か月で降河回遊を行い，カラフトマスは 2 年，シロザケは平均 4 年，北洋において索餌回遊を行い成長し，親魚は性成熟途上で溯河回遊を行い数週間で繁殖する。一方，ベニザケとサクラマスは浮上してから 1 年間は淡水（湖または河川）で成長し銀化して海水適応能を獲得したスモルトが降河回遊を行い，ベニザケは 1〜4 年北洋を，サクラマスは 1 年北日本沿岸において索餌回遊を行い成長し，親魚は繁殖の数か月前に遡河回遊を行い，湖または河川で性成熟するのを待つ。また，降河回遊を行わずに，一生淡水に生息して繁殖する残留型（ベニザケは湖に生息するヒメマス，サクラマスは河川に生息するヤマメ）が出現する。これら 4 種は主に人工ふ化放流により再生産されている。

2．シロザケとサクラマスの人工ふ化放流技術

シロザケの人工ふ化は，関沢明清が欧米からふ化法を学び 1876 年に茨城県那珂川において行ったのが最初である。その後，札幌農学校の一期生である伊藤一隆が米国メイン州の Bucksport ふ化場においてアトキンスふ化器を考案した C. G. Atkins から人工ふ化放流技術を学び，1888 年に北海道の石狩川支流千歳川に官営の千歳中央ふ化場(現(独)水産総合研究センター北海道区水産研究所さけます千歳事業所)を建設し，人工ふ化放流事業が本格化した。それから 1 世紀以上にわたる，サケ・マスの人工ふ化放流に携わった研究者・技術者らの弛まぬ努力の成果により，人工ふ化放流技術は改良され(野川 2010；関 2013)，現在のようにサケ・マス資源管理体制が構築された(表 1)。さけます増殖河川およびふ化場は，北海道 130 か所(図 1)，本州に 131 か所，合計 261 か所存在する。また，さけます増殖河川の南限は，太平洋側では茨城県の利根川，日本海側では石川県の手取川である(図 2)。

シロザケの人工ふ化放流は，稚魚が浮上してから数か月間給餌飼育し，体長 4～5 cm・体重約 1 g になると生まれたふ化場から河川(母川)に放流される。放流された稚魚は，餌を求めてベーリング海からアラスカ湾まで 2～8 年間(平均 4 年間)回遊し体重約 3～4 kg に成長し，秋に性成熟した親魚が高い精度で母川に回帰し，ふ化場において人工授精され一生を終える。その母川回帰性を利用した人工ふ化放流事業の成果で，1996 年には北日本の河川から約 20 億尾のシロザケ稚魚が放流され，約 8,900 万尾の親魚が回帰した。しかし，その後はシロザケ稚魚の放流数は約 18 億尾とほぼ一定であるのに，親魚の回帰数が減少傾向にあり，近年では約 5,000 万尾以下になっている。特に，2011 年の東日本大震災により稚魚の放流数は約 12 億尾に減少し，2012 年には約 16 億尾まで回復したが，今後の親魚の回帰数の減少が心配されている(図 3)。

サクラマスは，ふ化場で 4 か月(0 歳魚春)，10 か月(0 歳魚秋)，および 18 か月(1 歳魚春)と給餌飼育された稚幼魚が，それぞれの時期に河川に放流され

表 1　日本(北海道)におけるサケ・マスの人工ふ化放流事業の歴史

年	主な事業
1876(明治 9)	茨城県那珂川におけるふ化試験
1877(明治 10)	北海道札幌偕楽園におけるふ化試験
1888(明治 21)	北海道に千歳中央ふ化場(現さけます千歳事業所)を建設
1924(大正 13)	北海道庁鮭鱒孵化場設置。北海道水産試験場千歳支場
1927(昭和 2)	さけ・ますふ化事業は北海道水産試験場から分離。千歳鮭鱒孵化場設置
1941(昭和 16)	さけ・ますふ化事業は地方費に移管。北海道水産孵化場と改称
1948(昭和 23)	さけ・ますふ化場は国費に移管。捕獲事業は道知事に委任
1951(昭和 26)	水産資源保護法公布。北海道鮭鱒増殖漁業協同組合設立
1952(昭和 27)	水産庁北海道さけ・ますふ化場設置(さけますふ化放流事業を担当)。 北海道立水産孵化場設置(内水面水産資源の維持，保護，培養事業と国の委託事業であるさけます親魚捕獲事業を担当)
1967(昭和 42)	(社)北海道さけ・ます増殖事業協会設立
1996(平成 8)	シロザケの回帰数が過去最高の 8,900 万尾を記録
1999(平成 11)	さけ・ます資源統括管理は北海道が担当

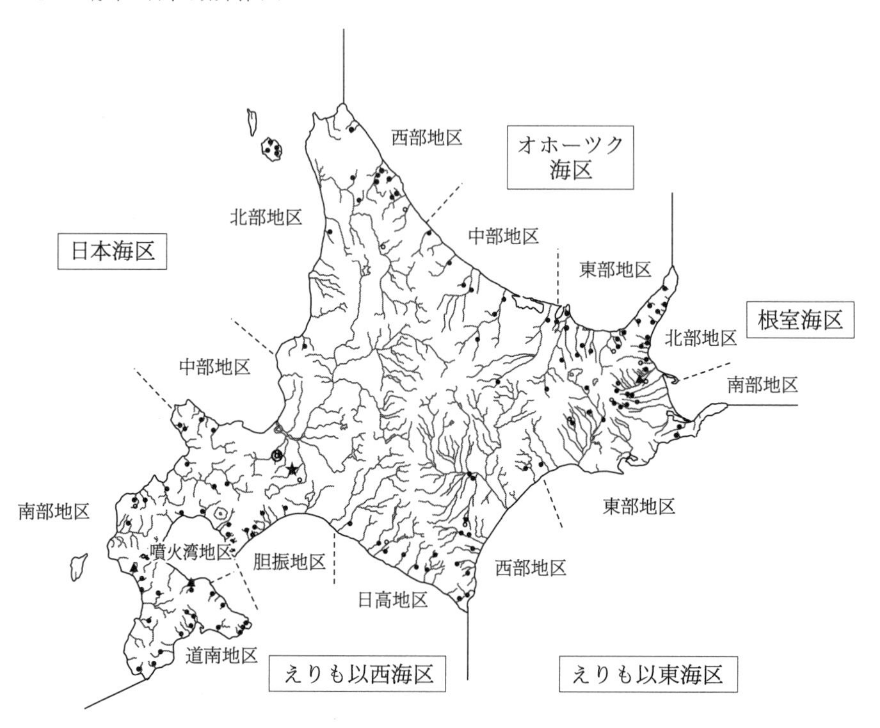

図 1　北海道のさけます増殖河川およびふ化場(合計 130 か所)((独)水産総合研究センター北海道区水産研究所)。◎水研センター北水研(札幌庁舎)，○水研センター北水研さけ・ます事業所：12 か所，★道総研さけます・内水面水産試験場(本場)，▲道総研さけます・内水面水産試験場(支場，試験池)：3 か所，民間ふ化場：115 か所

るが，1 歳魚春に放流された幼魚の回帰率が最も高いことが報告されている(真山 1992)。しかし，シロザケに比べて飼育期間が長いので，給餌費用が高額になり，大規模な飼育地が必要になる。ふ化してから 1 年半後の春に海水適応能力を獲得したスモルトが降河回遊を行い，北日本沿岸を 1 年間回遊し体重約 1〜3 kg に成長して，春〜秋に母川に遡上し，秋にふ化場において人工授精され一生を終える。近年では約 1,200〜1,800 万尾の稚幼魚が放流され 1 万 5,000〜2 万 9,000 尾の親魚が回帰しているが，年変動が非常に大きい(図 4)。

図 2　本州のさけます増殖河川およびふ化場(合計 131 か所)((独)水産総合研究センター北海道区水産研究所)。岩手・宮城・福島県は 2011 年東日本大震災以前の配置。▲県立施設：4 か所，民間ふ化場：127 か所

3．三陸地方のシロザケとサクラマス

三陸地方のシロザケは，津軽石川において江戸時代の 1748 年にサケ漁獲規制および稚魚の保護に関する記録が残されている。また，1905 年にはシロザケの人工ふ化放流が開始されている。岩手県では，1992 年に 27 河川に

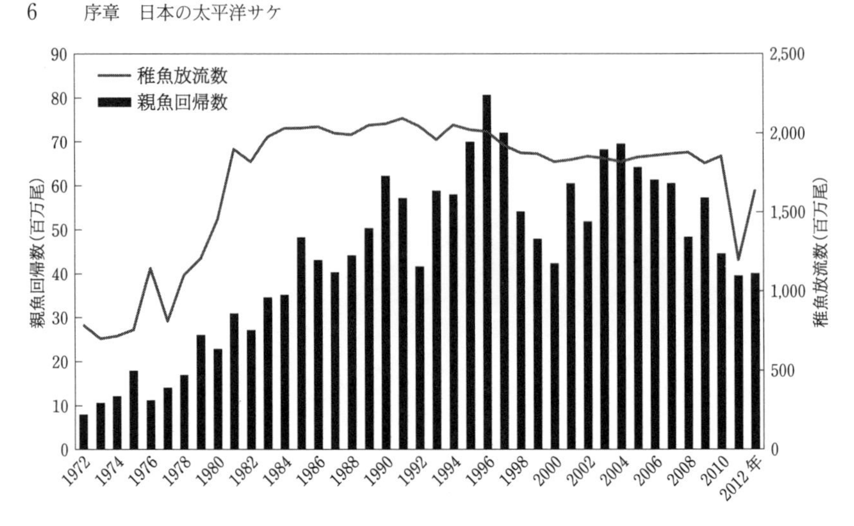

図 3　1972〜2012 年におけるわが国のシロザケ稚魚の放流尾数と親魚の回帰尾数

28 ふ化場が整備され，シロザケの人工ふ化放流事業が行われている。近年では，4 億 4,000 万尾の稚魚が放流され，1996 年には岩手県の史上最高となる 2,400 万尾のシロザケ親魚が回帰した。しかし，その後は稚魚の放流数は変化していないのに，親魚の回帰数が急激に減少し，2010 年には 560 万尾となり，回帰親魚数の回復が望まれている。

三陸地方のサクラマスは，シロザケに次ぐ第 2 のサケ・マスとして期待されている。しかし，シロザケは稚魚を数か月間飼育することにより放流できるのに対し，サクラマスは稚幼魚を放流するまでに最長 1 年半も飼育しなければならないため資源量は非常に少ない。岩手県内で唯一サクラマスの人工ふ化放流が行われている安家川では，15〜35 万尾の幼魚が放流され，21〜239 尾の親魚が回帰している。しかし，サクラマスの沿岸回帰率は 0.5%未満，河川回帰率は 0.2%未満と非常に低く，回帰率の向上が望まれている(大友ほか 2006)。

本文に使用した図は，(独)水産総合研究センター北海道区水産研究所の江連睦子様・平林幸弘様・浦和茂彦様・大熊一正様に作成していただいた。ここに記して，厚くお礼申し

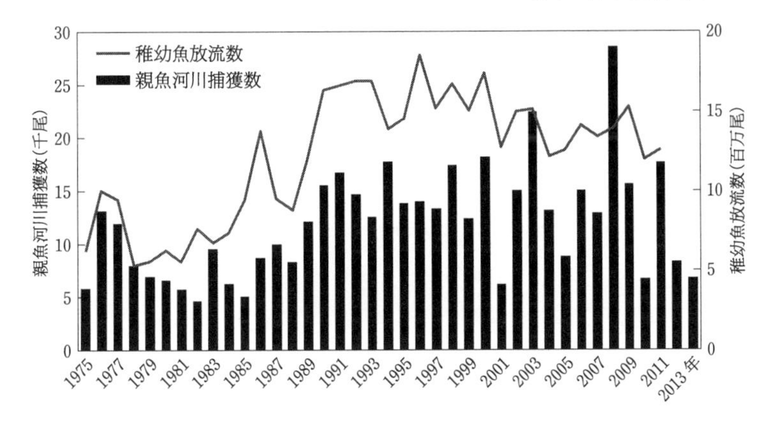

図4　1975〜2013年におけるわが国のサクラマス稚幼魚の放流尾数と親魚の河川捕獲尾数

上げる。

[引用・参考文献]

真山　紘. 1992. サクラマス *Oncorhynchus masou*(Brevoort)の淡水域の生活および資源培養に関する研究. 北海道さけ・ますふ化場研究報告, 46：1-156.
野川秀樹. 2010. さけます類の人工ふ化放流に関する技術小史(序説). 水産技術, 3：1-8.
大友俊武, 清水勇一, 高橋憲明. 2006. サクラマス *Oncorhynchus masou* 資源造成技術の開発について. 岩手県水面水産技術センター研究報告, 6：7-13.
関　二郎. 2013. さけます類の人工孵化放流に関する技術小史(放流編). 水産技術, 6：69-82.

第 I 部

三陸地方のシロザケ・サクラマス漁業

第1章　岩手県のシロザケ漁業の歴史と現状

清水勇一

1. 東日本大震災前のシロザケ増殖事業と資源状況

岩手県のシロザケ増殖は，1748 年に津軽石川において鮭漁獲規制および稚魚の保護に関する記録があることから，江戸時代から増殖事業がなされていたと思われる。1896 年に大石栄三郎氏が，閉伊川に遡上した親魚から，岩手県で初めて人工ふ化放流を行い，1905 年に佐々木清助氏が，津軽石川に卵収容能力 100 万粒の民間ふ化場を開設し，人工ふ化放流事業が開始された。1970 年代後半には国庫補助事業により多数のふ化場が整備され，1992 年には 27 河川に 28 ふ化場が整備された。これらの 28 ふ化場のうち，24 ふ化場が自営定置網を営む海面漁業協同組合，3 ふ化場が内水面漁業協同組合，1 ふ化場が県営，で運営されている(図 1)。岩手県沿岸の多くのふ化場が同時に自営定置網を経営しており，自分の前浜に稚魚を多く放流すれば数年後の水揚げが増加することにつながり，急速なふ化場整備が進んだ原動力の 1 つと考えられる。

稚魚の放流数は，1970 年に 4,600 万尾であったが，1988 年には 4 億 4,000 万尾となり約 10 倍に増加した(図 2)。海面漁獲数に河川捕獲尾数を加えた親魚の回帰尾数は，1975 年に 100 万尾であったが，1980 年には 500 万尾となり，1984 年には 1,300 万尾と約 13 倍に増加した。これはふ化場整備

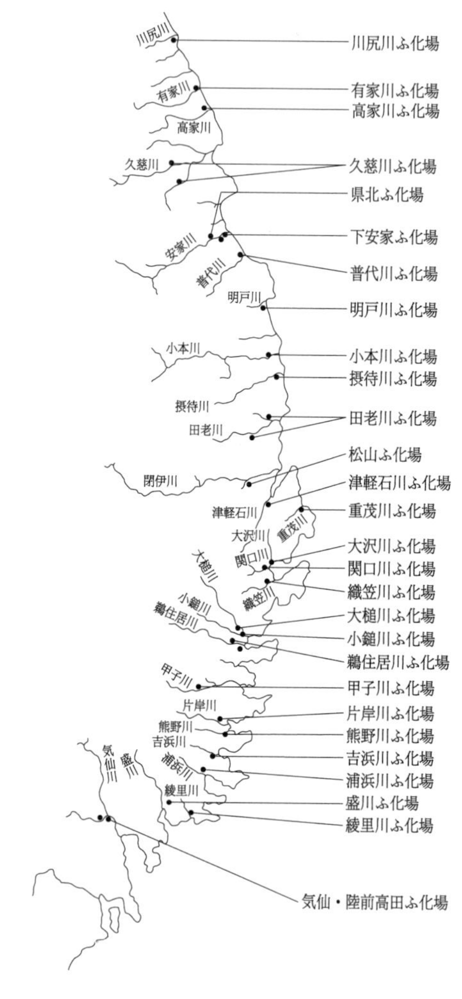
川尻川
有家川
高家川
久慈川
安家川
普代川
明戸川
小本川
摂待川
田老川
閉伊川
津軽石川
大沢川
重茂川
関口川
大槌川
織笠川
小鎚川
鵜住居川
甲子川
片岸川
熊野川
吉浜川
気仙川
盛川
浦浜川
綾里川
川尻川ふ化場
有家川ふ化場
高家川ふ化場
久慈川ふ化場
県北ふ化場
下安家ふ化場
普代川ふ化場
明戸川ふ化場
小本川ふ化場
摂待川ふ化場
田老川ふ化場
松山ふ化場
津軽石川ふ化場
重茂川ふ化場
大沢川ふ化場
関口川ふ化場
織笠川ふ化場
大槌川ふ化場
小鎚川ふ化場
鵜住居川ふ化場
甲子川ふ化場
片岸川ふ化場
熊野川ふ化場
吉浜川ふ化場
浦浜川ふ化場
盛川ふ化場
綾里川ふ化場
気仙・陸前高田ふ化場

図1　岩手県のふ化場

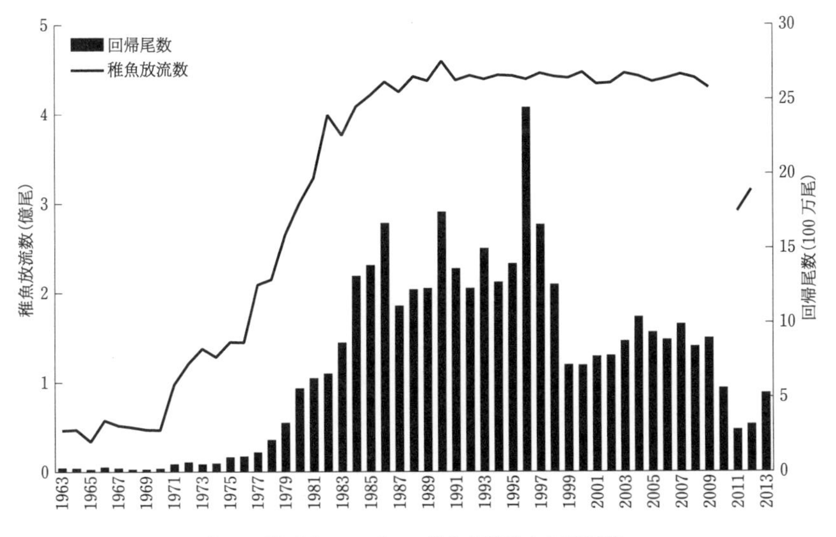

図2　岩手県シロザケの稚魚放流数と回帰尾数

による稚魚放流数の増加のほか，給餌飼育放流の普及，ふ上槽による仔魚管理技術，および海中飼育放流技術の開発など，ふ化放流技術の向上も大きな要因である。その後，親魚の回帰尾数は1,000～1,700万尾で推移し，1996年には岩手県の史上最高となる2,447万尾を記録した。しかし，それを境に回帰尾数は急激に減少し，1999年には720万尾となり，その後700～1,000万尾の低位な状況が続き，2010年には563万尾となった。ふ化放流技術の見直しを含めてシロザケ資源回復への取り組みが求められていた矢先に，未曽有の東日本大震災が発生した。

2．東日本大震災によるふ化場の被災状況

2011年3月11日(金)の東日本大震災により，最大震度7の激震，波高10m以上，最大遡上高40.1mにも及ぶ大津波が発生し，東北太平洋沿岸に壊滅的な被害をもたらした。岩手県のシロザケ稚魚の約99%が沿岸河川に整備されたふ化場で，飼育・放流されており，そのふ化場の多くが河口付近に

あったため，津波により甚大な被害を被った。28ふ化場のうち，被災を免れたふ化場が5(川尻，県北，小本，松山，甲子)，配管の亀裂や電気系統の故障などの軽微被災が2(久慈，織笠)，増設した分場が被災した部分被災が4(普代，田老，鵜住居，盛)，基幹設備の大部分が被災し稚魚生産不能となった大規模被災が17(有家，高家，下安家，明戸，摂待，津軽石，重茂，大沢，関口，大槌，小槌，片岸，熊野，吉浜，浦浜，綾里，気仙・陸前高田)であった。

ふ化場の復旧に先駆け，岩手県水産技術センター，(独)水産総合研究センター(北海道区水産研究所，東北区水産研究所)，(社)岩手県さけます増殖協会が連携し，稚魚の飼育に不可欠な水源調査が行われた。一部のふ化場では塩分を含む井戸も見られたが，揚水を継続することにより塩分濃度が低下し，復旧を計画しているすべてのふ化場において水量，水質共2013年度の稚魚生産計画に対応できると判断された。また，岩手県サケ担当職員が「岩手県さけふ化場復興計画書―ふ化場復興グランドデザイン」を取りまとめ，有識者で組織する「岩手県さけふ化放流事業復興検討会」に提示した。さらに，水産総合研究センターは，調査結果を踏まえたふ化場復旧案が岩手県さけます増殖協会に提示された。これらは，岩手県においてふ化放流事業が継続できるように，ふ化場ごとの稚魚生産尾数を水量，施設規模，河川にあった資源構成から精査すると共に，すべてのふ化場を現状復旧するものではなく，ふ化場を整理統合すること，および経営を安定化することについても言及している。

3．東日本大震災によるふ化場の復旧状況

ふ化場の復旧2013年11月の時点で，被災した23ふ化場のうち，7ふ化場(久慈，下安家，田老，津軽石，織笠，吉浜，気仙)が完全復旧，7ふ化場(普代，摂待，重茂，大槌，鵜住居，片岸，盛)が部分的な復旧を目指して作業に着手した。一方，9ふ化場(有家，高家，明戸，大沢，関口，小槌，熊野，浦浜，綾里)は2013年度中の復旧を早期に断念した。また，部分的に復旧している2ふ化場(普代，鵜住居)は，被害の大きかった普代第1ふ化場，鵜住居第3ふ化場の復旧

を断念した。さらに，被災しなかった川尻ふ化場では，増殖事業から撤退する方針を固めた。

復旧後の稚魚生産能力は，国庫補助事業などにより，2011年秋までに震災前の72%程度に回復した。稚魚の放流時期に震災に襲われた2011年の放流数は，津波により飼育日誌およびデータが流出したために，正確に把握することは不可能である。しかし，過去の稚魚放流状況および各ふ化場からの聞き取りにより，緊急放流を含め給餌飼育放流数は2億9,000万尾程度であったと推察される。2012年の放流数は，2010年と同程度の2億9,000万尾であり，近年の平均放流数の66%である。2013年の放流予定数は，3億9,000万尾である。

一方，親魚の回帰尾数は，2011年が281万尾(単純回帰率0.6%)と2010年実績の50%と激減した。2012年が319万尾(単純回帰率0.7%)，2013年が529万尾(速報値，単純回帰率1.2%)である。

4．シロザケ資源回復への課題

震災の影響を最も受けるのが，被災した年級が5歳魚，ふ化場の復旧過程で放流が少ない年級が4歳魚で回帰する2015年秋であり，流通・加工を含めた水産業界は深刻な影響を被ることが懸念されている。また，シロザケの漁獲金額が低下することは，漁業協同組合の経営にも影響を及ぼすと共に，将来の資源造成のための増殖経費捻出にも苦慮することが推察される。ふ化放流事業の規模縮小は将来のシロザケ漁獲金額の低下を招き，さらに増殖事業の規模縮小へとつながり，負の連鎖となる可能性が高い。少なくともふ化場の運営経費は，シロザケ漁業で収入を得ているすべての漁業経営体が応分に負担する体制への転換が急務の課題である。

岩手県では，震災前は毎年4億4,000万尾のシロザケ稚魚を放流していたにもかかわらず，親魚回帰尾数は低位に推移している。近年の親魚回帰尾数低下の要因が，稚魚放流後の海洋環境の変化による可能性もあることから，過去の海洋観測結果を再検証して環境変化の有無を確認すると共に，変化した環境に適合するように稚魚の放流時期および放流体サイズなどを見直していく必要がある。シロザケ増殖事業は，民間主導で実施されているため，地域全体で調和のとれた安定的な稚魚生産体制の再構築を，関係する機関が連携して行っていく必要がある。その第一歩として，2013年秋より種卵確保体制が構築されつつある。先人が築き上げシロザケ資源を絶やさないために，単なる復旧に止まらず，新たな仕組みや技術を積極的に導入して復興していかなければならない。

第2章 三陸地方のサクラマス漁業の歴史と現状

高橋憲明

1．サクラマスの生活史と人工ふ化放流

サクラマスの生態は複雑であるため，まず，一般的なサクラマスの生活史についてシロザケと比較しながら整理し，その生活史を利用した人工ふ化放流について紹介したうえで，岩手県でのサクラマスの現状を紹介したい。

サクラマスはシロザケと同様に遡河性魚類であり，河川で産卵して海へ下り，海で成長して生まれた川(母川)に回帰する習性をもつが，その生活史には大きな違いがある。

シロザケの仔魚は，卵黄を吸収し終えて浮上すると，産卵の翌年の春に海へ降下する。このときの稚魚の大きさは1g程度である。一方，サクラマスの仔魚は浮上してもすぐには海へ下らず，河川に残留し，産卵の2年後の春に20～30gのスモルト幼魚となって降海する。このとき，すべての幼魚が降海するわけではなく，一部の雄は引き続き河川に残留して成熟し，それ以外の雄とほとんどの雌が降海する。スモルトとは，パーマークが消え，海での生活の準備ができたことを示す「銀毛」の状態をさす。また，海洋での生活は，シロザケはベーリング海，アラスカ湾と3～5年をかけて大回遊するのに対し，サクラマスは，オホーツク海と日本周辺の海域で1年生活し，母川に回帰する(久保 1974，1980；隼野 2003；永田 2009；河村 2012)。このように，

サクラマスはシロザケよりも河川での生活期間が長いことが特徴といえる。つまり，河川環境に大きく依存した生態を有しているといえる。

この2年にわたる長い河川生活を利用して，人工ふ化放流において，河川への放流時期を変えることにより，人工的に飼育する期間を調節することが可能となっている。放流パターンは大きく3つに分けられる。1つ目は，シロザケと同様に，採卵した翌年の春に放流する方法(0+春放流)。2つ目は，採卵した翌年の秋に放流する方法(0+秋放流)。そして3つ目は，採卵した2年後の春に放流する方法(1+春放流)である。人工的に飼育する期間が長いほど，河川環境に左右されない大型の幼魚を放流できるが，一方で，飼育には多くの用水と池が必要となり，長期間飼育のため病気に罹るリスクが高まる。さらに，餌代などの飼育経費が大きく増加する(石黒ほか 2000)。

また，シロザケと同様に遡上した親魚から採卵する方法(遡上系)と陸上の池で養殖した親魚から採卵する方法(池産系)も実施されており，多様な飼育・放流方法が存在する(永田 2009；河村 2012)。

2. サクラマス漁業の歴史と現状

サクラマスはその身がほんのりピンクがかった肉色で，蛋白で食味もよいことから，古くから珍重されている魚である。岩手県内陸の北上川では，江戸時代に川役(漁業経営者の税金)としてシロザケと共にサクラマスが納められたとの記載があり(北上市立博物館 1982)，昔から利用されていたことが伺える。

岩手県沿岸ではサクラマスは主に定置網，磯建網，底刺網，小延縄，底曳網によって漁獲されている。漁法別に漁獲量，金額を比較すると，共に定置網が約9割を占めている(表1)。この定置網の漁獲量を月別に見ると，漁獲が春に集中していることがわかる(図1)。また，春の定置網の漁獲量と金額を魚種別に見ると，漁獲量の割合が最も高いのはスケトウダラ(66.7%)であり，サクラマスは13.5%であるが，金額では，単価が高いサクラマスがその割合を大きく高め55.1%を占める(表2)。このように，サクラマスは岩手県の春の定置網において，最も重要は漁獲物となっている。

表1　岩手県における漁法別サクラマス漁獲量，漁獲金額(岩手県水産技術センター，いわて大漁ナビ「市況検索」より)。2013年3～6月の県内主要5港(久慈，宮古，山田，釜石，大船渡)の合計値

	漁 獲 量		漁獲金額	
	数量(kg)	割合(%)	千円	割合(%)
定置網	61,007	91.6	41,581	89.7
磯建網	4,095	6.1	3,325	7.2
底刺網	765	1.1	558	1.2
小延縄	638	1.0	675	1.5
底曳網	115	0.2	189	0.4
合　計	66,620	100	46,328	100

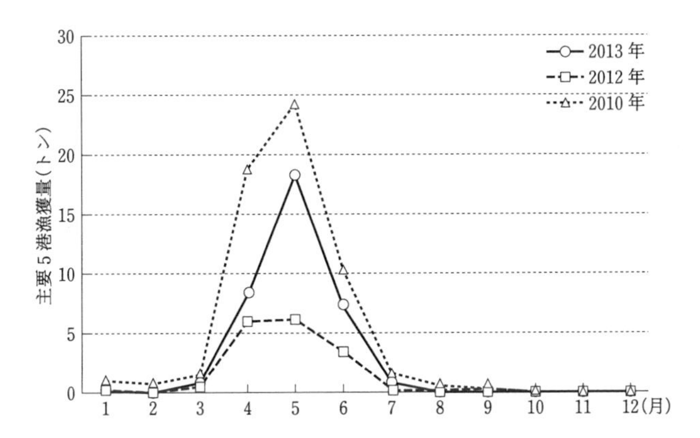

図1　岩手県における定置網によるサクラマス月別漁獲量の推移(岩手県水産技術センター，いわて大漁ナビ「市況検索」より)。2010，2012，2013年1～12月の月別県内主要5港の合計値。

漁獲のピークである春の魚市場に行くと，定置網で水揚げされたサクラマスが市場を賑わせている。サクラマスは地方によって呼び名が変わり，岩手県では「ママス」,「本マス」などとよばれている。市場での値段は，最も水揚げが多い2～3 kgサイズで1,000～1,500円/kg程度であり，1尾当たりでは2,000～4,000円する高級魚であるが，なかでも体高がきわめて高い5 kg以上の魚は「板マス」とよばれ，3,000円/kg以上の高値で取引される

表2　岩手県における魚種別定置網漁獲量(岩手県水産技術センター，いわて大漁ナビ「市況検索」より)。2014年4月の県内主要5港の合計値

	漁獲量		漁獲金額	
	数量(kg)	割合(%)	1,000円	割合(%)
スケトウダラ	89,407	66.65	7,159	18.41
マダラ	23,227	17.32	3,381	8.69
サクラマス	18,102	13.50	21,419	55.07
オオメマス(シロザケ)	3,145	2.34	6,524	16.77
カラフトマス	106	0.08	26	0.07
ヤリイカ	46	0.03	80	0.21
マスノスケ	42	0.03	192	0.49
ヒラメ	36	0.03	72	0.18
クロマグロ	28	0.02	44	0.11
合　計	134,139	100	38,897	100

こともある。

余談であるが，県内の魚市場で「サクラマス」とよばれている魚がいる。それは，「カラフトマス」である。サクラの咲くころに獲れるマスだからこうよばれているが，「サクラマス」も同じ時期に漁獲されることから筆者が初めて市場を訪れた際には，この地方名に混乱させられた。また，「カラフトマス」は，鱗が剥がれやすく体色が青く見えることから，県北部の久慈地方では「アオマス」ともよばれている。また，この時期に漁獲されるシロザケは「オオメマス」とよばれている。

沿岸では，定置網のほかには，河川での釣りも行われている。県中部の閉伊川，小本川，県南部の気仙川などでは，年に1〜2本釣れればよいとされるサクラマスを求めて，釣り人がルアーで魚影を狙う。

内陸では，北上川の北上大堰(宮城県石巻市)下流において，毎年多くの釣り客がサクラマスを釣りに全国からかけつける。この流域の漁業権をもつ北上(きたかみ)追波(おっぱ)漁業協同組合に聞いたところ，釣りの期間は3〜7月で，5月のゴールデンウィーク前後には，多い年で100人程度が川岸から釣り糸を垂れ，1日で50尾程度釣れることもあるとのこと。

統計的な資料はないが，沿岸，北上川共に秋のシロザケの留め網にサクラ

マスがかかることがあり，少ないながらも，各河川で河川遡上が確認されている。

次に，定置網における漁獲量の年変動について整理したい。岩手県におけるサクラマスに関する統計的な資料は少なく，統計的なデータが整備されたのは，1977年以降である。それ以前は，サクラマスは「ます類」としてカラフトマス，マスノスケなどと一括して集計されていたため，統計的なデータを遡れない。現在では，市場の電算化により，サクラマスを含む市場の漁獲データをほぼリアルタイムで得る体制が整っており，岩手県水産技術センターの「いわて大漁ナビ」で，一般の方でも，漁法，魚種別に沿岸13魚市場の日別漁獲データを検索することができる。1977年以降のデータでは，主要5市場(久慈，宮古，山田，釜石，大船渡)におけるサクラマスの漁獲量は，1981年の102.6トンを最高に，おおむね20〜50トンで変動を繰り返している(図2)。

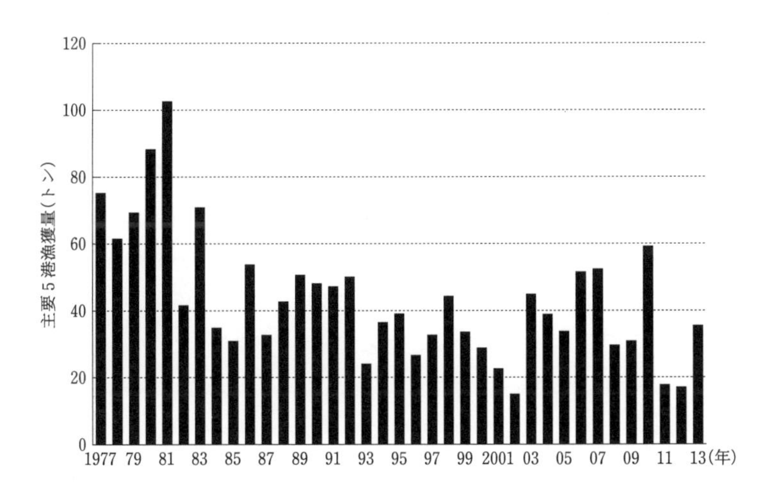

図2　岩手県における定置網によるサクラマス漁獲量の年変動。
1977〜1994年：岩手県のさけ・ますに関する資料「サクラマスの沿岸漁獲量」より。県内主要5港の合計値(ます類として一括処理されている魚市場が多いため，区分けされている5市場について集計したもの)。
1995〜2013年：岩手県水産技術センター，いわて大漁ナビ「市況検索」より。県内主要5港の合計値。

3．サクラマス資源の維持・造成に向けて

岩手県では，現在までサクラマスの稚魚放流が実施されており，確認できた資料では，1967年に県内4河川(安家川，小本川，鵜住居川，気仙川)に122.7万尾の放流が行われた。以降，1985年までは1～4河川に2～40万尾程度の稚魚が放流された。1986年から放流量は増加し，1996年までは約100万尾の稚魚を毎年放流した。最も多かったのは，1992年で250万尾を県内9河川に放流した(図3)。

この間の1980～1988年度にかけて全国の研究機関が参画して行われた「大型別枠 マリーンランチング計画」に本県も参加し，それまで整理されてこなかったサクラマスの漁業実態の把握と生物学的特性について研究を行った。定置網に乗網したサクラマス未成魚を標識して放流し，回遊経路の解析を行った結果，茨城県まで南下回遊する群と，北上して津軽海峡を経由し，日本海へ回遊する経路が存在することがわかった(宮沢ほか 1986)。

また，1984年に「岩手県サクラマス資源増大計画」を策定し，シロザケに次ぐ重要魚種として，官民一体となって資源造成に注力し，北海道由来の池産系スモルト幼魚(河川遡上した親魚から生産した幼魚を親魚まで成育し，生産した幼魚(F 2))放流，また，本県河川(安家川，閉伊川，摂待川)由来の池産系スモルト幼魚放流，安家川由来の遡上系幼魚(河川遡上した親魚から生産した幼魚(F 1))放流などを実施してきた。1993年の結果では，魚市場での再捕率は0.07～0.17%であり，期待したほどの放流効果は得られなかった(久慈ほか 1993)。このため，1996年ごろからは0+春，0+秋，1+春放流の効果を検討する試験研究へと移行したが，いずれの放流によっても回帰率は低く，サクラマス放流はシロザケ放流と比較して経費がかかり，投資に対して放流効果が得られにくいことが明らかとなった(大友ほか 2006)。そのため，2006～2010年まではサクラマス資源の保全手法の検討を行った。

研究内容がシフトした1999年からは県北の安家川のみから震災後の一時的な増加を除き，20～70万尾程度の稚魚放流を行っている(図3)。

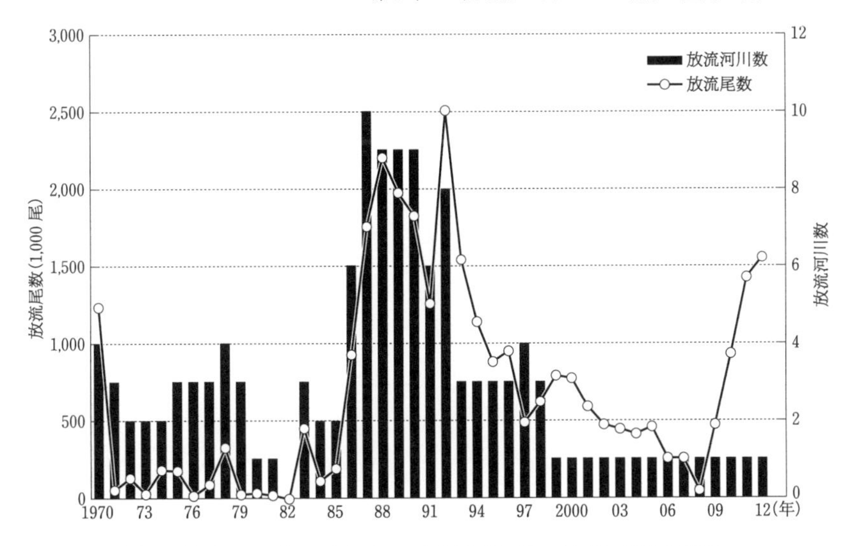

図3　岩手県におけるサクラマス河川放流尾数，放流河川数の推移。
1970〜1972年：岩手県水産業基本計画「河川別さけ・ます親魚採捕尾数，稚魚放流実績」より。
1973〜1980年：岩手県サクラマス資源増大計画「年度別サクラマス稚魚放流数」より。
1981〜2008年：岩手県のさけ・ますに関する資料「さくらます幼魚放流実績」および「さくらますふ化放流成績」より。
2009〜2012年：下安家漁業協同組合からの聞き取り結果より。

最近では，平成24年から，本県固有の遺伝資源であるサクラマスの保全と，河川に回帰したサクラマスの遊漁による内水面漁業の振興を目的とした試験を実施している。内水面水産技術センターの施設を用いてサクラマスの種苗を生産し，現在県内にほとんど放流されていないサクラマス種苗を県内各河川へ放流し，サクラマス資源を積極的に維持，造成しようとするものである。

研究内容は，当施設を用いた種苗生産の基礎的な知見の集積，塩餌を用いた海水適応能向上に関する試験，青色光を用いたスモルト化促進に関する試験などである(高橋 2012)。現在，これら試験を実施しながら県内でのサクラマス種苗の要望把握，今後の研究方向について検討を進めているところである。

このように，サクラマスは岩手県において沿岸，内陸を含め，県全域にわたり重要な魚種であることから，その資源の維持，造成に向けて今後も研究を進めていく予定である。

［引用・参考文献］

石黒武彦・小野郁夫・吉光昇二. 2000. サクラマス増殖技術の開発について―新資源造成事業(1984-96)の経過と結果. さけ・ます資源管理セ技術情報, 167：21-36.
岩手県. 1975. 岩手県水産業基本計画. 岩手県.
岩手県. 1991. 降海性ます類増殖振興事業報告書5ヵ年分(昭和60～平成元年)まとめ. 岩手県.
岩手県. 1991～1997. さけ・ます増殖効率化推進事業報告書(平成元～5年度). 岩手県.
岩手県内水面水産指導所. 1984～1990. 岩手県内水面水産指導所年報(昭和58～63年度). 岩手県内水面水産指導所.
岩手県内水面水産試験場. 1991～1994. 岩手県内水面水産試験場年報(平成元～5年度). 岩手県内水面水産試験場.
岩手県内水面水産技術センター. 2009～2013. 岩手県内水面水産技術センター年報(平成19～24年度). 岩手県内水面水産技術センター.
岩手県林業水産部. 1984. 岩手県サクラマス資源増大計画. 岩手県林業水産部.
岩手県林業水産部漁業振興課. 1982～1999. 岩手県のさけ・ますに関する資料(昭和56～平成9年度). 岩手県林業水産部漁業振興課.
岩手県林業水産部水産振興課. 2000～2001. 岩手県のさけ・ますに関する資料(平成10～11年度). 岩手県林業水産部水産振興課.
岩手県農林水産部水産振興課. 2002～2011. 岩手県のさけ・ますに関する資料(平成12～20年度). 岩手県農林水産部水産振興課.
岩手県水産技術センター.　1995～2007.　岩手県水産技術水産センター年報(平成6～18年度). 岩手県水産技術センター.
隼野寛史. 2003. サクラマス(ヤマメ).「新 北のさかなたち」(上田吉幸・前田圭司・嶋田宏・鷹見達也編), 148-153, 北海道新聞社.
河村博. 2012. サクラマス *Oncorhynchus masou masou* のスモルト化に関する生理生態学的研究およびその増殖事業への応用. 北水試研報, 81：57-116.
北上市立博物館. 1982. 北上川の魚とり(北上川流域の自然と文化シリーズ4). 北上市立博物館.
久保達郎. 1974. サクラマス幼魚の相分化と変態の様相. 北海道さけ・ますふ化場研報, 28：9-26.
久保達郎. 1980. 北海道のサクラマスの生活史に関する研究. 北海道さけ・ますふ化場研報, 34：1-95.
久慈康支・工藤飛雄馬・千葉公郎. 1993. サクラマス資源増殖振興事業. 岩手内水技セ年報：16-18.
宮沢公明・支倉理・大村礼司. 1986. 岩手県沿岸におけるサクラマスの漁業実態と生物学的特性. 近海漁業資源の家魚化システムの開発に関する総合研究プログレスレポート. サクラマス(6)：134-169.

永田光博. 2009. サケ類増殖事業の歴史と将来展望.「サケ学入門」(阿部周一編著), 19-34, 北海道大学出版.
大友俊武・清水勇一・高橋憲明. 2006. サクラマス *Oncorhynchus masou* 資源造成技術の開発について. 岩手水技セ研報, 6：7-13.
水産庁　北海道さけ・ますふ化場. 1981～1988. 近海漁業資源の家魚化システムの開発に関する総合研究(マリーンランチング計画)プログレス・レポート, サクラマス(昭和55～63年度). 水産庁　北海道さけ・ますふ化場.
高橋憲明. 2012. サクラマス増殖に関する研究. 岩手内水技セ年報：18-22.

第II部

陸上養殖技術

第3章 シロザケ・サクラマスの陸上養殖の現状および環境負荷軽減型閉鎖循環式陸上養殖設備の開発

小出展久・畑山　誠・三坂尚行

水産庁は2013年2月に業界関係者や有識者で構成される「養殖業のあり方検討会」を立ち上げ，養殖業における課題やその対応方法について検討を開始した。これは，海面の漁業生産が伸び悩んでいる現状に反して水産物の需要は拡大しており，生産性の高い陸上養殖に対する需要が，今後伸びていくとの視点に立ったものである。陸上養殖では環境に対する配慮やその生産コスト，飼育水の水質維持や確保が問題となっており，これらのなかで閉鎖循環式陸上養殖も検討されている。

閉鎖循環式陸上養殖は現在シロザケ・サクラマスで行われているような掛け流し養殖とは異なり，飼育水を濾過して再利用するため，基本的に用水を排水することはない。なかには完全な閉鎖循環式陸上養殖ではなく，排水の一部を濾過循環するシステムを検討しているところもある。いずれにしても排水がない，あるいは少ないということは環境に対する負荷が少なく，濁りや魚病に対するリスクも当然，軽減される。安定した生産が可能となり，安全・安心な養殖魚が生産される。問題は飼育水を循環させる際の濾過システムをどう構築するかであり，特にシロザケ・サクラマスの場合は飼育水温が低いことから，微生物による濾過をいかに効率的に行うかが大きな問題となってくる。

本課題は三陸沿岸で行われているシロザケ・サクラマスの放流事業にこのような環境負荷を軽減した閉鎖循環式陸上養殖設備を設置し，シロザケ・サクラマスの増殖事業にこのシステムを取り入れることにより，三陸沿岸の漁業に新たな展開を創出しようとするものである。本章ではサケ科魚類の陸上養殖の現状と養成上大きな問題となる魚病，そして循環濾過のための濾材について述べることとする。

1．シロザケの陸上養殖の現状

北海道でも東北でもシロザケのふ化場では基本的に湧水や河川水を使用し，掛け流しで仔稚魚を養成する。卵から臍嚢をもったふ化仔魚，臍嚢を吸収し泳ぎだす稚魚と発育段階が進むにつれ必要とする水量，施設面積は増加する。北海道の増殖事業の場合，卵は50万粒が収容できるボックス式というふ化器に収容され，集約的な管理が可能である。サケ増殖事業の開始当初，卵の収容はふ化盆を重ねて収容するアトキンス式であったが，次にアトキンス式ふ化槽に卵を集約的に収容できる増収型アトキンス式，縦型に設置された立体式など，現在，汎用的に用いられているボックス式になるまで単位卵量当たりの設備の設置面積は小さくなってきている。

養魚池はふ化後，臍嚢を吸収して泳ぎだすまでの間養成する池で，北海道では飼育池と別に設置している場合が多い。同じ養魚池でも砂利を床材として用いる場合と，ハニカムコア，ネットリングなどの床材を用いる場合で収容密度は異なり，遮光して浮上まで管理する。前述した立体式はふ化器のなかで浮上まで養成できることから養魚池を必要としない。また，東北地方では浮上槽とよばれる設備を用い，養魚池を用いずに浮上稚魚を直接，飼育池で飼育できるシステムを用いている箇所もあり，設置面積の省スペース化がはかられている。

稚魚の管理は飼育池で行われ，基本的には収容量に見合った施設面積が必要になる。用いる水量は稚魚の酸素消費量を勘案し，溶存酸素飽和度95%

の用水を注水した場合，排水部の溶存酸素量が 6 ppm になるように水量を調整する。また，飼育池のサイズは飼育密度が 10 kg/m²，あるいは 20 kg/m³ となるよう算出されている。これまでサケ増殖事業は広い面積と大量の用水を必要としたが，閉鎖循環式陸上養殖設備を利用した場合は施設面積の省スペース化には貢献しないものの，用水の節減には結びつく。卵管理や仔魚管理までは設備・施設の開発により集約的に収容できるよう技術開発されてきたが，飼育池ではこれ以上設置面積を少なくする余地は望めない。しかし，使用する用水量の節減には，まだ多くの余地を残している。さけ・ますふ化放流事業実施マニュアル（(社)北海道さけ・ます増殖事業協会 2007）によると注水量 1 L/min で 1 g 稚魚を 1,000 尾養成できるとしており，全道で 10 億尾のサケ稚魚を 1 g で放流していると仮定すると，1,000 t/min もの用水を使用していることになる。

これまで，シロザケ・サクラマス放流事業において用水を循環させて使用する飼育方法は導入されていないが，その取り組みは既に始まっている。これは完全な閉鎖循環式陸上養殖でなく，飼育水の一部を濾過循環させて再利用するというものであり，飼育水の使用量軽減につながる（清水 2013）。北海道の水環境を考えた場合，このような課題は推進すべきであると同時に排水の環境への負荷という問題を啓蒙させる点で重要である。また，閉鎖循環式陸上養殖の場合，掛け流しで用水の水温を上昇させるのに比べると温度調節は比較的容易である。シロザケは放流適期にあわせて種苗を育てなければならず，飼育用水の温度調節が可能となれば放流適期にあわせた稚魚も養成しやすくなることを考慮すると，多くの利点を有した設備と考えられる。

通常，シロザケは一定期間，人為管理下で養成されるものの，放流により自然の生産力に多くを依存し，生産物は漁業によって収穫されることから増殖とよばれ，生涯のすべてを管理し，所有者が決まっている養殖とは意を異にするが，一定期間養成する設備を養殖設備とよんでいるため，便宜的に養殖という言葉を使うこととした。

2．サクラマス陸上養殖の現状

サクラマスは通常，約1年間河川で生活し，翌春に降海する。放流方法はシロザケより多岐にわたり，発眼卵で河床に埋設する埋没卵放流，稚魚を河川に放流する稚魚放流，稚魚をさらに陸上で養成し，秋ごろに河川に放流する秋幼魚放流，翌春まで養成を継続し，スモルトになった個体を放流するスモルト放流などがある。放流した場合，河川に回帰する率は陸上での養成期間が長いほど高くなる(宮腰 2006)が，養成にかかるコストは期間の延長と共に高くなる。

通常，サクラマスはスモルトになると降海するが，その後も淡水で飼育を継続し，成熟させることができる。このようにして飼育を継続し，池のなかで再生産させたサクラマスを池産サクラマスとよび，生活史のすべてを陸上養殖で育成することとなる。北海道でのヤマベ養殖も基本的には同様の形態をとる。通常，スモルトは採卵から2年目に見られ(1^+スモルト)，採卵までに3年を要する。水温の高い条件下ではスモルトが採卵の翌年に見られる場合(0^+スモルト)もあり，このような場合は採卵までが2年と短縮される。道立水産孵化場(現 北海道立総合研究機構さけます・内水面水産試験場)では用水の高水温条件を利用して0^+スモルト生産を行い，2年の再生産サイクルで種卵生産を行っていた時期もある(阿刀田 1974)。

道内のサクラマスのふ化放流形態は天然遡上親魚から採卵し，稚魚で放流する方法と天然遡上親魚から採卵した種苗を池で成熟させ，この池中養成親魚から採卵を行う方法がある。この方法では親の継代は天然遡上親魚から2代目までとし，それ以上の継代は行わず，溯上親魚から採卵を行い池中での再生産を繰り返す方法がとられている(北海道立総合研究機構さけます・内水面水産試験場，道南支場)。

閉鎖循環式陸上養殖設備の有用性は排水量を抑え，環境に対する負荷を軽減させることはシロザケの増殖事業と同じであるが，サクラマス養成における有用性はほかにも見い出せる。サクラマスは相分化が多岐にわたるため

(久保 1974)，目的とする放流魚や養成魚を得るためには相分化をコントロールする必要がある。成長と相分化は関連が強く，水温の調整により相分化をコントロールする可能性はあるものの(真山 1992)，水温の異なる用水を複数有しているなど条件が整った場合でないとむずかしい。閉鎖循環式陸上養殖による水温調整は成熟雄の出現を抑制し，スモルト化率を高める可能性も考えられ，効率的な養成が行える。

３．ヒメマス陸上養殖の現状

ヒメマスは北海道の湖沼のうち，阿寒パンケ湖，支笏湖，洞爺湖，屈斜路湖，倶多楽湖に生息しており，降海してベニザケとなるため，資源造成のためスモルトまで育てて放流する試験も行われている(北海道区水産研究所)。ヒメマスの場合，湖沼に生息しているものから漁業権に基づきふ化放流を行う際は，シロザケと同様に稚魚まで育てて放流を行う。スモルトまで養成して放流する箇所はない。採卵は刺し網や定置網で捕獲した親魚から行い，ふ化，浮上を経て給餌を行い，放流を行う。北海道では阿寒パンケ湖，支笏湖，洞爺湖で行われており，陸上での養成期間は約半年くらいである。また，人工ふ化放流を行わず天然の再生産に任せている湖(倶多楽湖，屈斜路湖)もある。

一方，ヒメマスは養殖も行われており，生涯を池中で養成し，再生産を行いながら未成魚で出荷する。ヒメマスは淡水魚のなかでも美味で知られ，高価で取引されるが疾病に弱く池中養殖は容易ではない。道内でもヒメマスを専門に養殖している経営体は数件あったが，現在は１件のみである。養成と成熟には清浄な低水温の用水が必要なこと，魚病発症の原因となる病原菌から隔離することなどを考慮すると，閉鎖循環式陸上養殖設備を使用した際の有用性は高い。

４．ギンザケ陸上養殖の現状

ギンザケもサクラマス，ヒメマス同様に淡水での再生産が可能である。ギンザケはもともと日本には生息していない魚種であり，一時，放流も試みられたが(石田ほか 1976；奈良ほか 1979；梅田ほか 1981)，資源としては定着していない。北海道における陸上養殖もこのころから開始され(寺尾 1978)，東北地方のギンザケ網生簀養殖への種苗供給により，1993年には道内で123トンの生産量が記録されている(北海道立水産孵化場 1991-1995)。その後，東北地方の養殖ギンザケの価格が暴落し，道内の生産量も激減した。現在，東北三陸沿岸のギンザケ網生簀養殖は低位安定しており，種苗の大部分は北海道産の池産ギンザケ種卵で賄われているのが実情である。北海道での陸上養殖の形態は低水温を利用した完全池中養殖で，海面を使わず2〜4年をかけて淡水養成したのち採卵する。種卵の一部は東北の陸上養殖施設に運ばれ，採卵から翌年の秋まで陸上養成される。秋からは海面網生簀養殖が行われ，翌年の6月ごろに出荷される。北海道でのギンザケ養殖は種卵生産に特化しており，幼魚，未成魚で出荷することはないため，漁業統計にはほとんど掲載されない。低水温の用水があれば陸上養殖は比較的容易であるが，細菌性腎臓病の罹患率が高く，再生産にも悪影響を与えている。

5．サケ科魚類に発生する魚病について

飼育管理下で起こる魚の死亡・不調の原因は感染症の発病のほか，水質の悪化や農薬など化学物質によるによる中毒，栄養素の不足，あるいは人為的ミスなどさまざまである。魚病は非伝染性疾病と伝染性疾病に分け整理することができる。非伝染性疾病としては，水質悪化による中毒がある。環境水中に農薬が流入したときに起こる脊椎骨の脱臼や骨折，それらの後遺症としての脊椎骨の彎曲などのほか，水中に存在する有害物質(アンモニア，亜硝酸，重金属イオンなど)の濃度が高いために起こる中毒もある。また中毒には分類されないが，窒素ガスなどが過飽和な場合に起こるガス病なども水質が問題となる疾病の1つである。閉鎖循環式養殖設備の場合，用水を添加しないかあるいは少ないため，用水に突発的に化学物質などが混入した場合は事故を回避できるかあるいは被害を最小限に抑えることも可能である。天候悪化に

よる濁水の混入が予想されるときは一時的に完全循環式に変えるなど，リスクを回避できる可能性が高い。

栄養性疾病は配合飼料において栄養素が欠乏していたり，バランスを欠いていたりすると見られるが，現在は配合餌料の品質も高く問題はないと思われる。ただし，シロザケ・サクラマスの場合，ほとんどがニジマス用に調合された餌料であり，新たな魚種を養成する場合は再検討する余地がある。また，飼料の保管が悪く劣化することも考えられる。これらの中毒や栄養性疾病は，重度の場合，それ自体による被害が大きく，多くの魚に同時に症状が現れ，一過的に大量に死亡することも想定される。中軽度の場合は，魚の体力を落とし，感染症を誘発する要因となる場合がある。特に，安全・安心な養殖魚を作るためには薬剤を用いない養成技術が重要であり，クエン酸鉄の添加(Mizuno et al. 2007；Mizuno et al. 2008)や植物性油脂の添加(三坂ほか 2010)で魚の健康度を向上させることも考慮する必要がある。

6．北海道で発生しているサケ科魚類の感染症

北海道立総合研究機構さけます・内水面水産試験場では，道内のふ化場や養殖場を対象に魚病診断業務を行っている。養殖魚の診断事例を含むが，北海道内の魚病発生状況について知ることは防疫上参考となるので紹介する。

2003～2013年度までに当試験場で受けつけた，サケ科魚類の診断事例を表1に示した。シロザケ，ニジマス，サクラマス，ヒメマス，ギンザケ，オショロコマ，ブラウントラウト，イトウ，カラフトマスを診断している。診断依頼のなかで感染症と確定されるのは診断件数のおおむね50%前後で，ほかは原因不明となっている。また，魚種別の魚病診断件数を表2に示している。

感染症としてはIHN，OMVDなどのウイルス性疾病，細菌性腎臓病(BKD)，冷水病，細菌性鰓病，せっそう病などの細菌性疾病，イクチオボド症，トリコジナ症などの寄生虫症がある。ウイルス性疾病，細菌性疾病などはヨード剤で卵の表面を消毒することで防除可能であったが，細菌性腎臓病

表1 2003〜2012年度，北海道で見られたさけます類魚病診断件数（のべ件数）

魚病名	魚種	件数	魚病名	魚種	件数
IHN	サクラマス	10	せっそう病	サクラマス	5
	ニジマス	15		ヒメマス	1
	ヒメマス	4		ギンザケ	5
	オショロコマ	1		オショロコマ	6
OMVD	ニジマス	2		アメマス	2
細菌性腎臓病	サクラマス	10	イクチオボド症	サケ	16
	カラフトマス	2		サクラマス	4
	ニジマス	1	トリコジナ症	サケ	3
	ヒメマス	7		オショロコマ	1
	ギンザケ	8	ガス病	イトウ	3
冷水病	サケ	19	不明	サケ	25
	サクラマス	16		サクラマス	31
	ニジマス	11		ニジマス	16
	ヒメマス	1		カラフトマス	4
細菌性鰓病	サケ	10		ブラウントラウト	1
	サクラマス	8		ギンザケ	1
	ヒメマス	5		アメマス	1
	イトウ	1		ヒメマス	4
ミズカビ病	サクラマス	2		イトウ	1

と冷水病で，受精卵内に原因菌が確認される例が報告されている（Lee & Evelyn 1989；Kumagai & Nawata 2010）。卵内にこれらの病原菌が侵入するメカニズムについて，排卵親魚の体腔液中の菌濃度と卵内感染との間に関係性が見い出せたことから，受精時に菌が侵入することが考えられ，洗卵液による卵洗浄で菌を洗い落とし，卵内感染のリスクを低下させる方法が提案されている（小原ほか 2010）。

7．現場での防疫について

現在，増養殖用のシロザケ・サクラマス稚仔魚に使用できる薬剤は多くはなく，以前から使用されていた卵のミズカビ対策のためのマラカイトグリーン，原虫症対策のためのホルマリン，卵膜軟化症対策としての過マンガン酸カリなどは2003年の薬事法の改正により法的に禁止された。卵のミズカビ

表2　魚種別の魚病診断件数(のべ件数)

魚　種	魚病名	件数
サクラマス	ミズカビ病	2
	イクチオボド症	4
	せっそう病	5
	細菌性鰓病	8
	IHN	10
	細菌性腎臓病	10
	冷水病	16
	不明	31
サケ	トリコジナ症	3
	細菌性鰓病	10
	イクチオボド症	16
	冷水病	19
	不明	25
ニジマス	IHN	15
	OMVD	2
	BKD	1
	冷水病	10
	不明	16

対策としてはブロノポールを主剤とした水産用医薬品が入手可能となったが，原虫症対策としての医薬品はなく，卵膜軟化症に対しては茶葉抽出物や銅イオンを用いた方法が考案されている(畑山・小出 2009；佐々木・吉光 2008)。使用できる薬剤も少なく，安全・安心の観点からも，今後は予防・防疫に重点を置くべきである。防疫は，病原体と魚の接触を断ち切ることである。病原体の侵入には，野生魚，鳥類，小型動物などを介する場合があり，これについてはスクリーンや囲い網，ネットなどで対処されていることと思う。また，池や器具等の施設関係の汚染，人の手足を介する汚染も想定されるため，注意が必要である。

親魚は成熟にともなう免疫力の低下から，病原体を保有している可能性があり，池を親魚の蓄用に使用した場合，稚魚の飼育前に消毒・乾燥を行わなければならない。消毒などの防疫対策は労力面でも経済面でも負担が大きいが，万が一，非常に病毒性が強い病原体が侵入し，その年の放流がすべて中止されるなどの事態を想定すれば，当然行うべきと考える。

飼育・蓄用終了後には池の消毒を行うことが望ましく，特に前シーズンに感染症の発生が確認された場合には，池の消毒を実施するべきである。池を乾燥した状態にした後に消毒液を噴霧器で側面と底面に吹きつける。作業時はマスクを着用する。一般的には次亜塩素酸ナトリウム製剤を有効塩素濃度0.06％程度に薄め消毒液として使用するが，注意が必要なのは使用液が河川に流入した場合，天然魚が死亡する事故となることである。しばらくの間天日に晒し残留塩素測定キットで塩素がなくなったのを確認した後に河川に排水し，その後も池をよく洗うとよい。屋内養魚池は天日乾燥が不可能なので塩素が長く残留することが予想されるため，多少高価にはなるが，ポピドンヨードやアルコールなどの魚に対する毒性の少ない消毒液を使用するのも選択肢の1つである。管理担当者は複数のふ化場に出入りすることも多いので，作業の前後には園芸用霧吹きを用いて70％エタノールで手指やカッパ胴付の消毒をすることが望ましい。特に，親魚はさまざまな病原体をもっている可能性があるので，これらをふ化室に持ち込まないよう，採卵作業の後には手指やカッパ胴付の消毒を行った方がよい。また，施設の出入口には踏み込み消毒槽を用意して，出入りの度に長靴を消毒する。消毒液は塩化ベンザルコニウム(10%)100倍希釈液が適当である。

北海道では2011年に北海道水産林務部漁業管理課サケマス・遊漁内水面グループ，同水産振興課栽培振興グループ，北海道立総合研究機構さけます・内水面水産試験場，北海道さけ・ます増殖事業協会，独立行政法人水産総合研究センター本部，同増養殖研究所，同北海道区水産研究所からなるサケ防疫連絡協議会を立ち上げ，北海道の河川に遡上したサケ親魚の病原体をモニタリングする体制をとり，病原体の早期発見と施設への持ち込み防止による健全な放流種苗の確保に努めている。

現在，北海道で行われている増殖事業の詳細や防疫に関してはさけ・ますふ化放流事業実施マニュアルを参照されたい。((社)北海道さけ・ます増殖事業協会 2007)

8．閉鎖循環式陸上養殖設備における濾過材の検討

閉鎖循環式養殖設備において魚を飼育する場合，いうまでもなく水質を飼育に適した状態に保つことが非常に重要である。これは水質の悪化に敏感なシロザケ・サクラマスにおいては特に重要な命題である。

魚類は摂餌，代謝の結果として水中に毒性の高いアンモニアを排出する。このアンモニアをやはり毒性の高い亜硝酸を経て毒性の低い硝酸へと速やかに硝化することが閉鎖循環式養殖では必要となる。そのためその作用を担う硝化細菌を定着させ，硝化作用を速やかに行わせる担体となる生物濾過材を使用する必要がある。これまで生物濾過材として天然素材ではサンゴ砂や活性炭，人工素材としてはセラミックやポリエステル繊維などが試されてきた(山本・荒井 2009)が，できるだけ高機能であり，コスト的な面も考慮した濾過材を選択することが求められる。

そのため本事業においては，水産系の廃棄物として多量に排出されるウニ殻の濾過材としての可能性を検討するため，小型水槽および本事業で作成した閉鎖循環養殖設備において使用した結果について主に報告する。

ウニ殻濾過材の検討

この試験に用いたウニ殻濾過材は北海道立総合研究機構釧路水産試験場加工利用部が 2011～2012 年度にかけて実施した「ウニ殻の有効利用試験」のなかで開発したものである。この開発された手法に基づき，ウニ殻をアルカリ処理した後に中和し，乾燥させたものを濾過材として用いた。濾過材としての外観を図１に示し，その電子顕微鏡写真を図２に示す。これに示すように，ウニ殻は多孔質の構造をしており，単位体積当たりの表面積が大きくなっていることが特徴である。

ウニは日本各地の沿岸漁業における重要漁獲対象種であり，北海道や青森・岩手といった北日本で特に漁獲量が多い。2012 年度の漁獲実績は全国で 8,251 トンであり，北海道ではこのうち 64.2%を占める。これらウニは

図 1　ウニ殻濾過材の外観

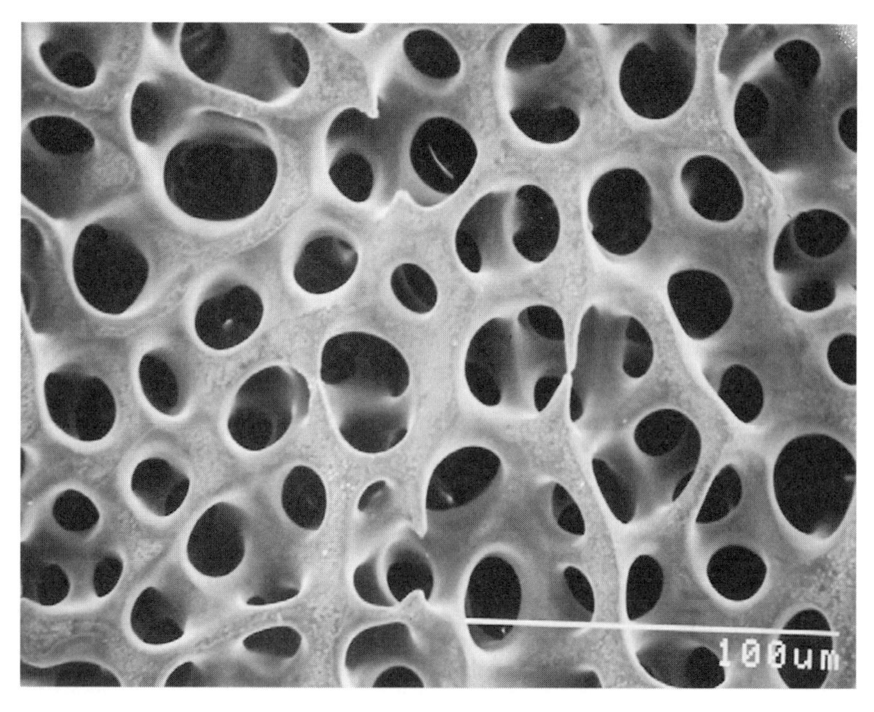

図 2　ウニ殻濾過材の走査電顕写真

可食部である生殖巣を採取した後，殻は，一部が肥料やカルシウム剤原料などとして利用されるものの，大部分は廃棄物として加工業者が処理料を負担して処分している現状にある。

このウニ殻の廃棄量については明確な資料はないが，漁獲対象となるウニの生殖巣重量比率は，北海道の場合15%以上が目安とされる。仮に漁獲されるウニの平均的な生殖巣重量比率を20%とすると，北海道のみにおいても湿重量として4,000トン以上ものウニ殻が排出されていることになる。さけます・内水面水産試験場で試験作成した場合，エゾバフンウニ，キタムラサキウニについて，湿重量に対し処理後の濾過材としての歩留まりはそれぞれ約35%，25%であったことから，北海道内だけでも少なくとも濾過材として1,000トン以上の潜在供給量があるものと考えられる。

ウニ殻のほかにも水産系廃棄物を利用した濾過材としては，ヒトデから作成される骨片がある。ヒトデは年間の駆除量が1万5,000トンにもなることからその潜在供給量も多く，その骨片はやはり多孔質であるため濾過材として有用であることが示されている(森 2011)。しかしながら，ヒトデの場合，骨片は原料に対して1割程度の乾燥重量となることが示唆されていることから(吉田ほか 2011)，今回のウニ殻濾過材の方が作成効率に優れていると考えられる。これは濾過材作成のためのコストダウンにもつながるものと思われることから，ウニ殻濾過材はより有用である可能性が高い。

ウニ殻濾過材を用いた小型水槽での試験

ウニ殻濾過材の性能を評価するために，60 L容量のガラス水槽に上面濾過装置を設置し，濾過装置内にウニ殻濾過材270 gを設置する区，市販濾過材270 gを設置する区および濾過材なしの区の3試験区を設け，アンモニア態窒素の硝化能力試験を実施した。各試験区については2水槽を使用した。

2013年5月に各水槽に55 Lの湧水を入れ，塩化アンモニウムをアンモニア態窒素濃度として10 mg/Lになるよう添加し，同時に市販の硝化細菌を各水槽に同量添加した。水槽の周りには湧水(水温8〜9℃)を掛け流し，水温を一定に保つようにして循環させた。

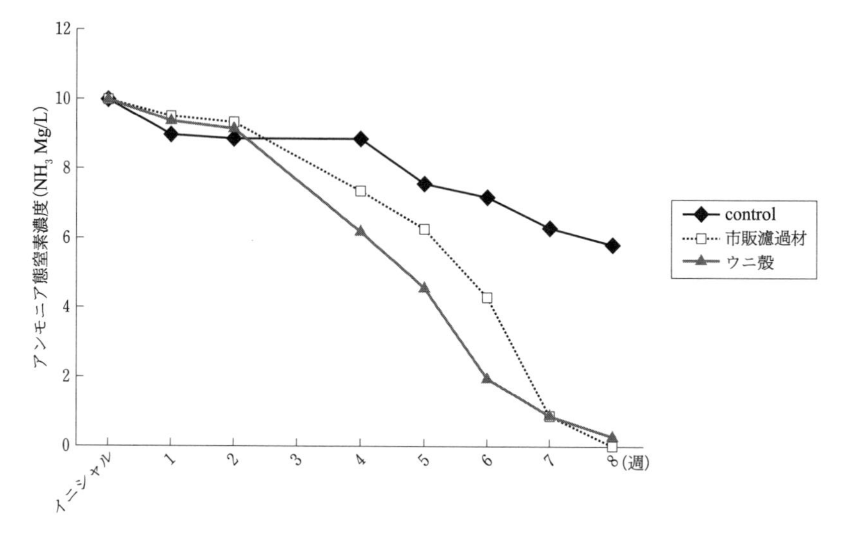

図 3　水槽試験によるアンモニア態窒素の変化

循環開始後，定期的に水中のアンモニア態窒素濃度を測定し，その残存量によりウニ殻濾過材の硝化性能を評価した。

循環開始後の各試験区のアンモニア態窒素濃度の変化を図 3 に示す(各試験区の値は 2 水槽の平均)。この図に示すようにウニ殻濾過材は市販濾過材と比較してアンモニア態窒素の分解速度が速く，濾過材として優れた性能をもつことが明らかとなった。

9．閉鎖循環式陸上養殖設備の設計

前述したようにシロザケ・サクラマスで閉鎖循環型陸上養殖設備を用いている箇所は少ない。今回はシロザケ・サクラマスの特性にあわせた飼育施設を念頭に試験的なシステムの設計を行った。システムの概要を図 4 に示す。飼育水槽は FRP 製循流水槽を用い，内容量は 5 トンとした。循流水槽は楕円形の形状を示し，中央長軸にそって仕切り板が設置されており，飼育水はゆっくりと流れ，残餌や糞は中央部に集まり，排水は濾過槽へと流れ込む。

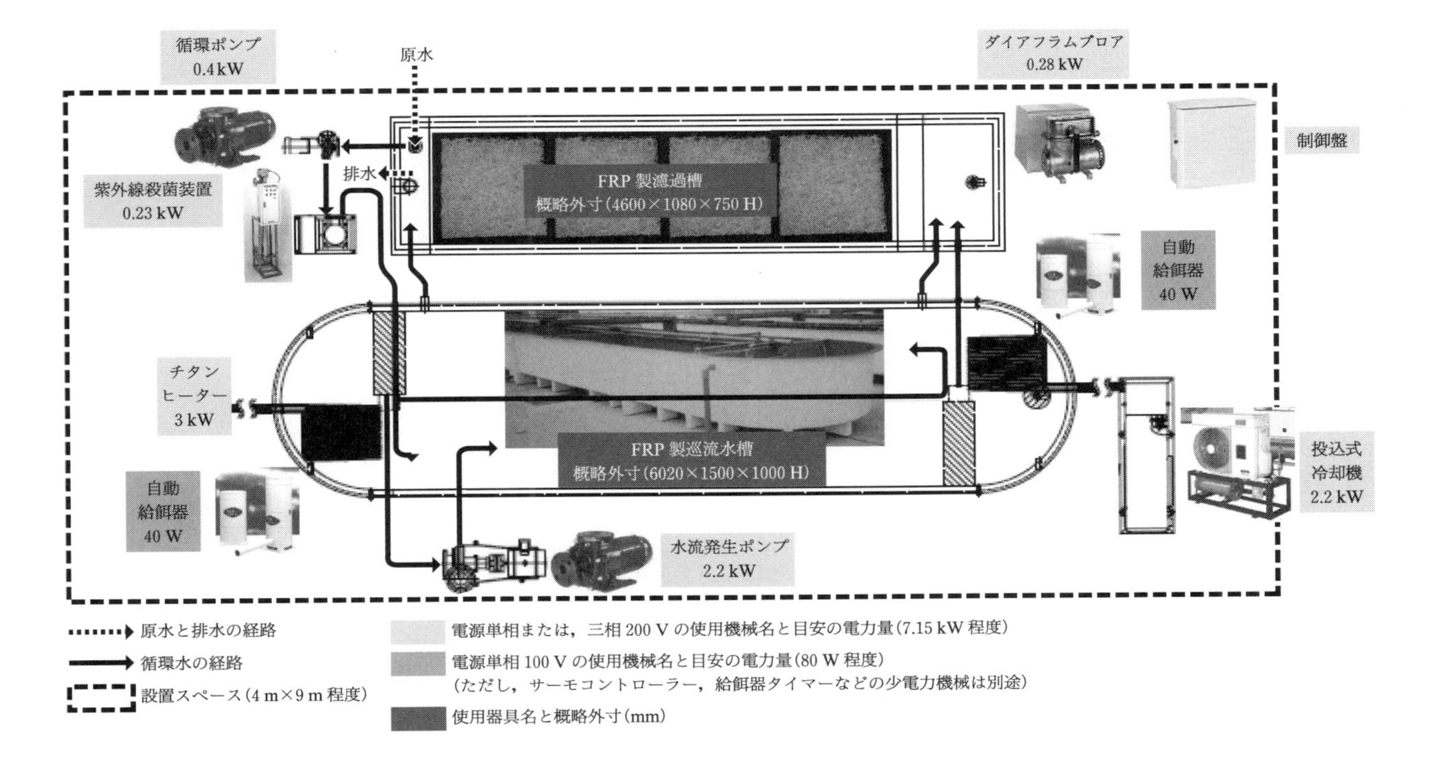

図 4　試作された閉鎖循環陸上養殖施設

濾過槽は実質容量約3トンとし，ポリプロピレン製マット状濾過材を重層してある。マット状濾過材の上部には玉ねぎネットに入れたウニ殻濾材 72 kg を敷き詰め，濾過槽下部から曝気を行っている。水槽には投げ込み式冷却機と，加温式ヒーターを設置し，温度制御が可能となるように設計している。ただし，設置場所と飼育魚によっては加温装置のみ，あるいは冷却装置のみという場合も想定される。閉鎖循環式の場合は掛け流しと異なり，温度制御が比較的容易にできるが，本設備でも外気による影響を少なくするために厚さ 50 mm のウレタン素材で水槽側面をコートしてある。また，注水部と濾過が終了した用水は紫外線殺菌器をとおして飼育槽内を清浄に保つようにしてある。

感染症の項で卵の消毒で生体の消毒は可能と記したが，紫外線殺菌器は用水を殺菌するだけで疾病を治療することはできない。このため，閉鎖循環式養殖施設には疾病の元になる病原体をもち込まないことが肝要である。今回，飼育魚を輸送して飼育槽に投入したが輸送のストレスが原因か寄生虫の付着が見られ，一部に斃死が見られた。卵から一貫した閉鎖循環式養殖施設ができれば，ほぼ無菌状態での飼育が可能かもしれないが，現状ではできる限り養殖施設内に病原体をもち込まないようにすることが重要である。また，ウニ殻を用いた生物濾過を行うため，極力，投薬は控え，健苗性の向上に効果のある油脂などを添加し疾病の発症を抑制するのが望ましい。飼育槽上部には自動給餌機を設け，給餌量，給餌回数などをコントロールしながら自動給餌ができる(図4)。

閉鎖循環養殖設備でのウニ殻濾過材の使用

今回の事業で作成した閉鎖循環養殖設備の濾過槽にウニ殻濾過材を設置し，その機能について実証レベルで試験を行った。濾過槽にはウニ殻濾過材を 72 kg 設置し，小型水槽試験と同様に塩化アンモニウムおよび硝化細菌の添加を行い，循環ポンプにより飼育水を循環させた。硝化細菌が定着し，アンモニア態窒素の分解が進んだ後，2013 年 7 月末にサクラマス幼魚(平均体重 10.4 g)を 5,000 尾水槽内に投入し，冷却装置を用いて水温を約 15°Cに設定した条件下で約3か月半給餌飼育を行った。飼育量から完全な閉鎖循環は困難と思われたので，毎分50～60Lの飼育水を注水する半閉鎖循環式養殖とした。水質の評価としてアンモニア態窒素，亜硝酸態窒素濃度を適宜測定すると共に，適宜魚体測定を行った。

図5に魚体重，飼育重量，注水量の変化を，図6に飼育水中のアンモニア態窒素，亜硝酸態窒素量の変化を示す。

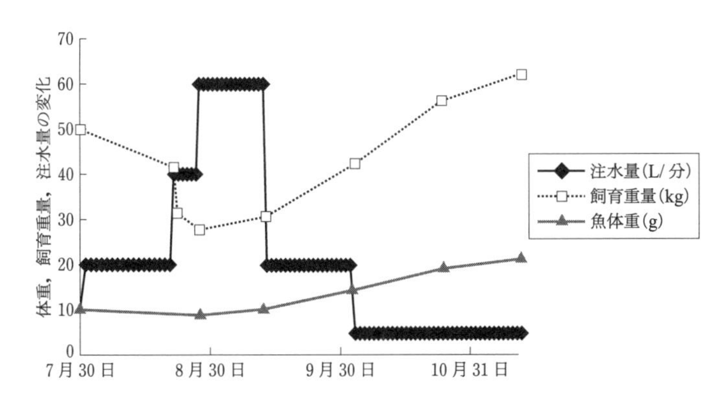

図5　閉鎖循環陸上養殖施設におけるサクラマスの体重，飼育重量，注水量の変化

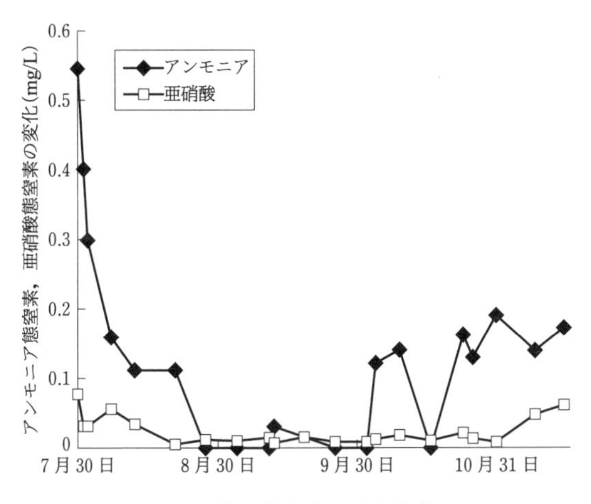

図6　飼育期間中の水質変化

飼育開始まもなく魚体に寄生虫の付着が見られ，それが原因で斃死が見られたが，9月半ば以降斃死はほとんどなくなり，成長も良好となった。特に安定した成長を示した10月以降は日間平均で0.173 gの増重を示し，これは本サクラマス幼魚供給元の飼育池での同時期の日間平均増重量0.153 gと比較して遜色ないものであった。

また，10月上旬以降は注水量を5 L/min(換水率約1回/日)と減らしたが，アンモニア態窒素，亜硝酸態窒素はそれぞれ0.0〜0.2 mg/L，0.0〜0.06 mg/Lの値にとどまった。

ウニ殻濾過材の性能

魚類の代謝，残餌の分解などにともない生成されるアンモニアは魚類に対して高い毒性を有する。アンモニアのなかでも非解離のアンモニア(NH_3)が魚類に対して有毒とされるが，この非解離アンモニア態窒素量を現場で簡易に測定することはできないため，今回は総アンモニア態窒素量を測定した。ニジマスの例では溶存酸素量が5 mg/L以下の場合，総アンモニア態窒素量が0.5 mg/L以上で魚に障害が出るが，溶存酸素量が7 mg/L以上であれば総アンモニア態窒素量が0.8〜1 mg/Lあっても問題ないとされる(Larmoyeux & Piper 1973)。今回の循環養殖システムでの使用例においては，溶存酸素量の測定は行っていないが，濾過槽においてつねに爆気を行っていたため，溶存酸素量は多かったものと思われる。また，飼育開始直後を除いて総アンモニア態窒素量は0.2 mg/L以下であった。シロザケのふ化場において適正飼育量(注水量1 L/min当たり魚体重1 kg)の場合，総アンモニア態窒素量は0.16 mg/Lと計算される(野川・八木沢 1994)ことから，今回の場合，飼育魚にとっては総アンモニア態窒素量は飼育上問題なく，通常のレベルであったと思われる。

亜硝酸はアンモニアの分解にともなって産生され，やはり魚類に対して高い毒性を有する。ニジマスの場合，亜硝酸態窒素の濃度が0.05 mg/Lで血液の酸素運搬に影響が出て，96時間半数致死濃度は0.23 mg/Lとされる(Brown & McLeay 1975)。今回の循環養殖システムにおける試験では注水量を減らした飼育終期に 0.06 mg/L 程度まで上昇しているものの，前述のように斃死もほとんどなく，成長も良好であった。

これらアンモニア態窒素，亜硝酸態窒素の濃度から考えると，本施設において注水量 5 L 分程度の量でも 60 kg 程度のサクラマスを高成長に保った状態で飼育することが可能であることがわかった。日本においてはニジマスなどのマス類養殖では飼育水を掛け流す流水式養殖で行われている例がほとんどである。ニジマスの場合，生産 1 kg 当たりに必要な注水量を水温 15℃の場合 153 m^3 と計算した例がある(野村 1980)。しかし本システムの場合，飼育後期には 10.3 m^3 の注水量で 1 kg の増重を達成できたことになる。小型水槽での試験例も併せて考えると，循環養殖設備におけるウニ殻濾過材の使用は飼育水の不足に悩む養魚場などでは有効な手段となりうることと考えられる。近年では飼育排水の環境負荷に対する問題点も大きく取り上げられるようになってきている。今回の結果を活用すればその負荷も低く抑えることが可能になるため，廃棄物であるウニ殻の有効利用という観点も併せて考えると，「環境にやさしい」養殖につながることも期待される。また，ウニ殻の主成分は炭酸カルシウムであるため，淡水で使用中に少しずつ溶解し，飼育水の pH 調節にも役立つことも期待される。今回の試験では pH の測定は行わなかったが，この機能についても今後検証していく必要がある。

サクラマス幼魚のアンモニア産生量に関するデータはないものの，マス類の例では水温 16.7℃において摂餌量 1 kg 当たり 32 g のアンモニアを産生するとされる(Speece 1973)。今回の循環水槽における水温は約 15℃であったため，このデータから計算すると，今回飼育終期には 1 日当たり 810 g の餌を与えており，アンモニア産生量は約 26 g/日であったと推定される。前述の小型水槽試験で水温 8〜9℃におけるウニ殻 100 g 当たりのアンモニア態窒素分解能は最も高いときで約 53 mg/日と計算されたため，循環養殖設備におけるウニ殻使用重量(72 kg)と飼育水温から考えると，アンモニア態窒素についてはすべて分解することも決して不可能ではないと思われるが，注水量を 5 L/min に減らした場合にはアンモニア態窒素の値がやや上昇したことから，完全なアンモニアの分解は今回の試験のなかでは困難であったのかもしれない。この理由について，詳細は不明であるが，小型水槽試験での試薬であるアンモニアの分解とは異なり，実際の魚類の飼育においては粒状有機物なども存在するため，それらによる濾過材の目詰まりなどもあったのかもしれない。また，濾過材に定着させる細菌についても，吉田ほか(2011)がサケ養殖場の飼育排水処理施設の活性汚泥から選抜した菌株のように，高い硝化能力を有する菌を使用することも必要かもしれない。これらのことを踏まえて，今後ウニ殻濾過材の有用性を詳細に検討する必要があるだろう。

2014年3月で東日本大震災から3年が経過する。三陸沿岸のシロザケの施設は壊滅的な影響を受け，現在，復旧が進んでいる。リアス式海岸を有する三陸沿岸は急峻な地形が多く，北海道のような広い土地を利用したシロザケ・サクラマス増殖施設の建設には適していない。浮上槽など新たなふ化器具が早くに普及したのは，狭い土地をいかに有効に利用するか，三陸沿岸という立地条件をうまく利用したからにほかならない。しかし，取水条件は厳しく，そのなかで放流数・飼育数にあわせただけの水量は必ず確保しなければならないのが現状である。閉鎖循環式陸上養殖システムは放流数に見合うよりも少ない水量で飼育でき，また，環境に対する負荷が少ないのも特徴である。北海道・東北で大々的に行われているシロザケ・サクラマスの増殖事業は大きな産業であると同時に環境に対しても負荷を与えているのが現状である。水産業の基幹となるべき産業の環境に対する負荷をいかに減らしていくかが今後事業を進めていくうえでの布石とならなくてはいけない。今回，三陸沿岸のさけます増殖にさまざまな視点からのアプローチを行い，解析・検証を通じて将来，サケが三陸復興のシンボルとなる一助となれれば幸いである。

[引用・参考文献]

阿刀田光昭. 1974. 池中養殖サクラマスの生態に関する知見. 北海道立水産孵化場研究報告, 29：97-113.

Brown, D. A. and McLeay, D. J.. 1975. Effect of nitrite on methemoglobin and total hemoglobin of juvenile rainbow trout. Prog. Fish-Cult., 37: 36-38.

畑山誠・小出展久. 2009. 茶葉抽出物と銅イオンを利用したニジマス卵管理. 北海道立水産孵化場研報, 63：9-13.
北海道立水産孵化場. 1991-1995. 北海道の内水面漁業・養殖業実態調査報告.
石田昭夫・辻弘・細川隆良・奈良和俊. 1976. 標津川に放流した北米産ギンザケについて. 北海道さけ・ますふ化場研究報告, 30：47-53.
久保達郎. 1974. サクラマスの相分化と変態の様相. 北海道さけ・ますふ化場研究報告, 28：9-26.
Kumagai, A. and Nawata, A. 2010. Mode of the intra-ovum infection of *Flavobacterium psychrophilum* in Salmonid eggs. Fish Pathology, 45(1): 31-36.
Larmoyeux, J. D. and Piper, R. G. 1973. Effects of water reuse on rainbow trout in hatcheries. Prog. Fish-Cult., 35: 2-8.
Lee, E. G. H. and Evelyn, T. P. T. 1989. Effect of Renibacterium salmoninarum levels in the ovarian fluid of spawning Chinook salmon on the prevalence of the pathogen in their eggs and progeny. Dis. Aquat. Org.,56: 207-214.
真山紘. 1992. サクラマス *Oncorynchus masou*(Brevoort)の淡水域の生活および資源培養に関する研究, 46：1-156.
三坂尚行・畑山誠・内藤一明・小出展久. 2010. 亜麻仁油添加餌料のせっそう病に対する抗病性向上効果. 月刊養殖, 586：56-58.
Mizuno, S., Misaka, N., Ando., D., Torao, M., Urabe, H. and Kitamura, T. 2007. Effects of diets supplemented with iron citrate on some physiological parameters and on burst swimming velocity in smoltifying hatchery-reared masu salmon (*Oncorynchus masou*). Aquaculture, 273: 284-297.
Mizuno, S., Misaka, N., Teranishi, T., Ando, D., Koyama, T., Araya, K., Miyamoto, M. and Nagata, M. 2008. Physiological effects of an iron citrate dietary supplement on chum salmon (*Oncorhynchus keta*) fry Aquaculture Sci., 56: 531-542.
森立成. 2011. マヒトデ骨片の海水用循環濾材としての有効性. 北海道水産試験場研究報告, 80：33-37.
宮腰靖之. 2006. 北海道におけるサクラマスの放流効果および資源評価に関する研究. 北海道立水産孵化場研報, 60：1-64.
奈良和俊・清水勝・奥川元一・松村幸三郎・梅田勝博. 1979. 標津川に放流した北米産ギンザケについて. 北海道さけ・ますふ化場研究報告, 33：7-16.
野川秀樹・八木沢功. 1994. サケ稚魚の適正な飼育環境. 北海道さけ・ますふ化場研究報告, 48：31-39.
野村稔. 1980. 流水池の環境と魚類生産.「淡水養魚と用水」(日本水産学会編), pp.64-83, 恒星社厚生閣.
小原昌和・小川滋・笠井久会・吉水守. 2010. 養殖サケ科魚類の人工採卵における等調液洗卵法の除菌効果. 水産増殖, 58：37-43.
佐々木系・吉光昇二. 2008. 緑茶抽出物浸漬法によるサケ卵の卵膜軟化症抑制効果. 水産技術, 1(1)：43-47.
(社)北海道さけ・ます増殖事業協会. 2007. さけ・ますふ化放流事業実施マニュアル. (社)北海道さけ・ます増殖事業協会.
清水智仁. 2013. サケ種苗生産現場における簡易濾過槽を用いた飼育水再利用システムの開発. 水産技術, 6(1)：83-88.
Speece, R. E. 1973. Trout metabolism characteristics and the rational design of

nitrification facilities for water reuse in hatcheries. Trans. Amer. Fish. Soc., 102: 323-334.

寺尾敏郎. 1978. ギンザケの親魚養成. 魚と水, 17：22-24.

梅田勝博・松村幸三郎・奥川元一・佐沢力男・本間広巳・荒内学・笠原恵介・奈良和俊. 1981. 伊茶仁川に放流した北米産ギンザケについて. 北海道さけ・ますふ化場研究報告, 35：9-22.

山本義久・荒井大介. 2009. マダイを対象とした閉鎖循環飼育　III　一種苗生産段階に適したろ材の探索. 栽培漁業センター技報, 9：27-31.

吉田夏子・石田一晃・笠井久会・吉水守. 2011. ヒトデ成型骨片への魚類飼育排水処理施設由来細菌の付着性. 日水誌, 77(1)：94-96.

第4章 機能性飼料およびマイクロバブルによる試験研究

森山俊介

三陸海岸の海域は親潮と黒潮が交わる豊かな海で世界の三大漁場の1つにあげられる。夏は黒潮に乗って南方の魚が来遊し，冬は親潮に乗って北洋の魚が回遊して水揚げされている。また，この海域は回遊魚だけでなく沿岸で繁殖した魚介類もたいへん豊富である。さらに，三陸海岸ではシロザケ，カレイ・ヒラメやチョウザメなどの魚類，ホヤ，アワビ，カキやホタテなどの貝類およびコンブやワカメなどの海藻類などの種苗生産，中間育成と放流から漁獲・収穫に至る水産増養殖事業もたいへん盛んであった。しかし，2011年3月11日に発生した東日本大震災によって引き起こされた大津波は東北から北関東の沿岸部を容赦なく襲った。港・防波堤などの港湾の施設や養殖施設のみならず漁船，定置網や水産加工場，また漁業に携わる人々，さらにこの海域に生息する魚介類および海藻類などの海洋生物に想像を絶する空前の多大な被害を与えた。そして三陸沿岸域を壊滅状態に追い込んだ。震災から3年が経過し，海洋環境や海洋生物は，予想を超える速度で再生・回復されつつある。しかし震災前の状態に戻るまでには，さらに長い年月を要すると考えられる。このような状況下，三陸沿岸の魚介類の資源を再生・回復させ，水産業・養殖業を一日も早く復興・再開させるためには，三陸沿岸の海洋環境や資源量などの調査に加えて，この地域の魚介類や海藻類の資源量および生産量を効率よく再生・回復させるための種苗生産や中間育成，また放流事業，さらに養殖環境の整備など水産増養殖の果たす役割はきわめて大きい。

岩手県をはじめとする東北沿岸域において，シロザケは水産特産品の1つである。1970年代からシロザケの漁獲量を増加させるために，シロザケの人工ふ化・種苗放流事業が開始されたことにより，1980年代までは，サケ稚魚の放流数が増加するにともなって，来遊数も増加していた（(独)水産総合研究センター・北海道区水産研究所：サケの放流数と来遊数及び回帰率の推移）。その後，1990年代の前半では，毎年約4.5億尾の稚魚を放流するまでに事業が拡大し，来遊数も，毎年約2,000万尾と安定し，シロザケの人工ふ化・種苗放流の効果が現れていた。しかし，1990年代の後半から種苗放流数が同程度であったにもかかわらず来遊数は約1,000～1,500万尾に減少した。1990年代の終わりにシロザケの来遊数が劇的に減少したことについては，「大気—海洋—海洋生態系から構成される地球環境の基本構造が転換する」レジームシフトの影響と考えられている（帰山 2011）。また，地球温暖化の影響も懸念されている。

東日本大震災が発生した時期は，サケ稚魚をふ化場から放流する直前であったため，津波の影響により，いったいどれくらいの数の稚魚が生存し，北洋に行けたのかは不明であり，北上できた稚魚はそれほど多くないのではないかと予測されている。その答えは，来期以降の来遊数で計り知ることができるであろう。その一方で，震災前から種苗放流数が一定の量に保たれていたにもかかわらず，来遊数が減少していることが懸念されていた。したがって，今後，震災直前よりもシロザケの来遊数を増加させるためには，健康で大型のサケ稚魚を育成して放流することがきわめて重要である。さらに，シロザケは重要な水産資源の1つであるが，機能性が実証されていないことから食料品としての価値を見出せずに廃棄されている未利用資源の有効利用法についても考える必要がある。本章では，我々が，これらこれまでに行ってきた，シロザケの未利用資源を水産資源の増産に高度有効活用する水産バイオ技術，また，魚介類を効率よく育成するための陸上養殖技術に関する研究で得られた成果を紹介する。

1．サケ科魚類の成長を制御する内分泌系のホルモン

魚類の発達，成長，適応および繁殖などの生命現象には，さまざまな内分泌系のホルモンが関与する。サケ科魚類の成長は，哺乳類やほかの脊椎動物と同様に，視床下部ホルモン，脳下垂体の成長ホルモン(GH)と肝臓をはじめとする体組織のインスリン様成長因子(IGF-I)およびこれらホルモンの受容体で構成される情報伝達系により調節される(図 1)(Moriyama et al. 2000；Moriyama & Kawauchi 2001；森山 2006)。すなわち，脳下垂体からの GH の合成と分泌は視床下部の成長ホルモン放出ホルモンおよびソマトスタチンにより調節される。血中に分泌された GH は，主に肝臓に局在する GH 受容体と結

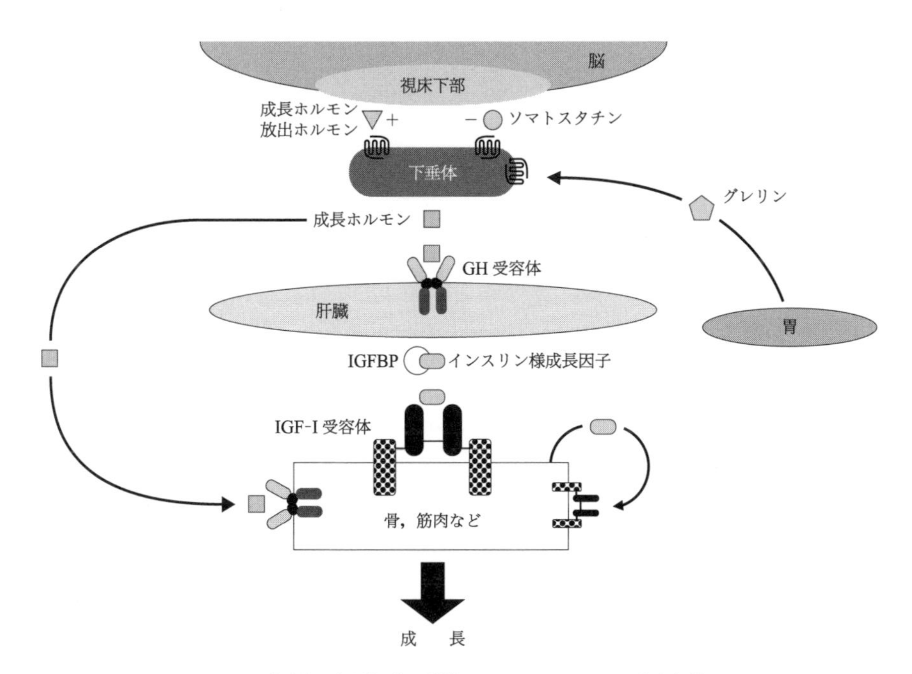

図 1　魚類の成長促進に関与するホルモンおよび受容体

合し，IGF-I の合成・分泌を促す。分泌された IGF-I は，骨や筋肉などの体組織の IGF 受容体と結合し，骨形成，タンパク質合成や細胞の分化・増殖などを促進し，結果として個体の成長が促進される。血中の IGF-I の大部分は結合タンパク質(IGFBP)と結合している。最近，哺乳類において，胃から脳下垂体の GH の分泌を制御する新規のペプチドとしてグレリンが単離・同定された(Kojima et al. 1999)。魚類でもニジマス，ウナギやティラピアのグレリンが同定され，GH 放出活性を有することが明らかにされている(Kaiya et al. 2003a, b; 2006)。

シロザケの脳下垂体から単離・精製した GH をサケ稚魚の腹腔内に繰り返し注射すると，体長と体重は，コントロールと比べて著しく増加する(Moriyama & Kawauchi 2001；森山 2006)。サケ GH の効果は注射終了後も持続するが，投与量依存性は消失する(Kawauchi & Moriyama 1986)。また，サケ GH を 1 回だけ注射してもシロザケの成長は促進される。一方，シロザケに哺乳類の IGF-I を腹腔内注射しても成長は促進されないが，オスモティックポンプを用いて IGF-I を体内に送り込むことにより成長が促進される(McCormick et al. 1992)。しかし，その成長促進効果は GH よりも劣ることが明らかにされている。これらのことより，脳下垂体の GH は成長の内分泌系の要に位置するホルモンであり，IGF-I の成長促進作用は GH によってもたらされるのである。

シロザケに GH を腹腔内注射すると，血中の GH 濃度は注射した後，ただちに上昇するが，24 時間以内に平常値に回復する。一方，血中の IGF-I 濃度は，GH 注射後 12 時間目から上昇し，24 時間目にピークに達し，その後，72 時間目まで高いまま推移する(Moriyama 1995)。さらに，シロザケに GH を注射すると肝臓の GH 受容体の発現レベルは増加し，それにともなって IGF-I の発現レベルが増加すること，また，筋肉における IGF 受容体の発現レベルも増加する(Moriyama 2006)。このようにサケ GH の投与により成長が促進されるのは，投与した GH が長期間体内にとどまっているのではなく，GH の刺激により合成・分泌される IGF-I によるものである。

サケ科魚類の成長速度と GH および IGF-I を介する情報伝達系は密接に

関係している(Moriyama & Kawauchi 2001；森山 2006)。サケ稚魚を飼育し，成長速度の異なる魚における血中の GH および IGF-I 濃度を比較すると，稚魚から幼魚期では，成長のよい魚ほど，血中の GH および IGF-I 濃度は高い値を示す(Moriyama et al. 1999；Pierce et al. 2001)。一方，若齢魚から成魚期では，成長速度の違いによる血中 GH 濃度には差は認められないが，血中の IGF-I 濃度は成長がよい魚で高いレベルを示す。また，肝臓の IGF-I の発現量も血中 IGF-I 濃度と同様に，成長のよい魚で高いレベルが認められる。ウナギや大西洋ヘダイなどのほかの硬骨魚類でも，成長のよい魚で肝臓の IGF-I の発現レベルは高い値を示す。このように，成長率が高い稚魚期では GH および IGF-I が重要であり，IGF-I はその後の成長促進においてもきわめて重要な機能を担っていると考えられる。したがって，血中 IGF-I 濃度あるいは肝臓の IGF-I 遺伝子の発現レベルの動態を指標とすることにより，サケ科魚類の成長を評価することができると考えられる。

これまでの研究により，GH および IGF を介する情報伝達系は，サケ科魚類の成長促進において重要な機能を担うのみならず海水適応，免疫機能および性成熟にも関与することが明らかとなっている(Moriyama & Kawauchi 2001；森山 2006)。さらに，GH および IGF-I を介する情報伝達系がサケ科魚類のスモルト化に関与することが明らかになっている(Dickhoff et al. 1997)。シロザケがパーからスモルトへの変態にともなって，血中のコルチゾルおよび甲状腺ホルモン濃度が上昇する。その後，血中の GH 濃度が上昇し，次いで肝臓の IGF-I の発現レベルおよび血中の IGF-I 濃度も上昇する。この時期にシロザケの飼育水温を変化させると，高水温飼育では，スモルト化の時期は早まり，血中 GH および IGF-I 濃度の上昇時期もスモルト化にともなって移行する。一方，スモルト化しないサクラマスやアマゴでは，これらホルモンの血中濃度は変化しない。これらのことより，シロザケのスモルト化において GH および IGF-I を介する情報伝達系が重要な機能を担うといえる。

2. 魚類の成長ホルモンの水産増養殖への応用に向けた研究

魚類の成長促進に及ぼすGHの効果に関する研究は1930年代から行われている(McLean & Donaldson 1993)。当時は，哺乳類の脳下垂体抽出物を用いられていたが，その後は主にウシのGHを用いて，注射，コレステロールペレット埋め込みあるいは経口投与が検討された。1986年に，我々がシロザケのGHを単離・同定したことが端緒となり，魚類のGHの同定および機能に関する研究が盛んとなった(Kawauchi et al. 1986)。サケGHが魚類の成長を促進することから，このホルモンを魚類の成長促進剤として水産増養殖に応用することは可能である。しかし，脳下垂体から精製できるGHは極微量であり，水産増養殖への応用は期待できなかった。そこで，我々は，遺伝子組み換え技術により大腸菌で組み換えサケGHを生産し，遺伝子組み換えGHをニジマス稚魚の腹腔内に繰り返し注射すると，脳下垂体から精製したGHと同等に，サケ科魚類の体長と体重をコントロールよりも著しく増加させることを明らかにした(Kawauchi et al. 1986)。その結果，遺伝子組み換えGHを用いて，水産増養殖に応用するための投与法に関する研究が可能となった。

GHの水産増養殖への実用化の鍵は投与法の開発にある。投与法としては，ホルモン注射，ホルモン溶液への浸漬法およびホルモンを餌に配合して摂餌させる経口投与法が考えられる(McLean & Donaldson 1993)。サケGHの成長促進効果は，サケGH溶液への浸漬法により認められる(Moriyama & Kawauchi 1990)。淡水で飼育しているギンザケあるいはシロザケの稚魚を，3.5%塩化ナトリウム溶液に数分間浸漬処理を施した後，遺伝子組み換えサケGH溶液に30〜60分間，4〜7日ごとに繰り返し浸漬させると，ホルモン濃度および浸漬時間に依存して，サケ稚魚の成長が促進される。ホルモン溶液への浸漬による成長促進効果は，浸漬処理を中止した後も腹腔内注射と同様に，維持される(図2)。一方，同様の浸漬処理法でウシ血清アルブミン溶液への浸漬による効果は認められない。これらのことから，サケ稚魚をサケGH

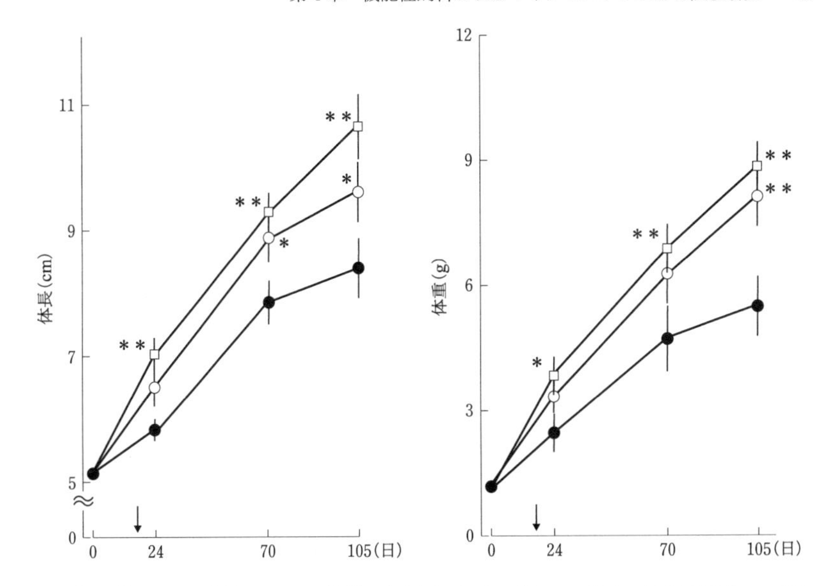

図2　組み換えサケ成長ホルモン溶液に浸漬したサケ稚魚の成長。サケ稚魚($n=40$)を3.5%塩化ナトリウム溶液に2分間浸漬した後，30 mg/Lの組み換えサケ成長ホルモン溶液に30分間(○)および60分間(□)浸漬した。4日ごとに5回の浸漬処理をした後，85日間飼育を継続した。

溶液への浸漬によりサケ稚魚の成長が促進されるのは，サケGHがエラあるいは側線から体内に取り込まれ，取り込まれたホルモンが肝臓のIGF-Iの産生を活性化させたことによるものと考えられる。

GHの最も実用的な投与法は，魚にGHを経口的に摂取させる経口投与法である。しかし，GHはタンパク質であるため，消化管，特に胃における酸で消化・分解されて失活する懸念があった。そこで最初に，サケGH溶液をニジマスの胃内に直接，投与した後，血液中のGH濃度を測定したところ，投与した後12時間目から血中のGH濃度の上昇が認められ，15時間目にピークに達し，その後24時間目まで，投与しなかった魚よりも高いレベルを維持した(Moriyama et al. 1990；Moriyama 1995)。一方，血中のIGF-I濃度は，GHの投与後24時間目から増加し，48時間目にピークに達し，72時間目まで高いレベルを維持した(Moriyama 1995)。これらの結果は，胃内に投与したサケGHが体内に取り込まれ，その結果として内因性のIGF-Iの分泌量が増加したといえる。我々は，サケGHを総排泄口から腸管内に直接投与すると血中のGH濃度が，ただちに増加すること，また，血中にインタクトのGHが出現することを明らかにしている（Moriyama et al. 1990）。このことは，GHが腸管の後部からインタクトのまま取り込まれることを意味する。そこで，GHの失活を防ぐため，酸性条件下では溶解せず，腸で溶解できるように，組み換えサケGHを腸溶性高分子でコーティングしたサケGH腸溶剤を調製し，このサケGH腸溶剤を飼料に配合してニジマスに摂餌させると，血中のGH濃度は，摂餌させた後，12時間目から摂餌させなかった魚に比べて高く，摂餌後2日間高いレベルで維持された（Moriyama et al. 1993）。さらに，サケGH腸溶剤を含む飼料をニジマス稚魚に7日ごとに摂餌させると，体長と体重を増加させる成長促進効果が認められた。このように，サケGHの経口投与法は可能であり，GH含有飼料を水産増養殖に応用することにより，魚類を効率よく成長させることができると考えられる。

3．シロザケの未利用資源を高度有効活用することによる水産増養殖技術の開発

岩手県において，震災前まで，毎年，約4億5,000万尾のサケ稚魚を県内のふ化場から放流させていた。また，過去15年間におけるシロザケの来遊数は，約60〜150万尾の範囲で推移していたが，震災後，シロザケの来遊数は35万尾に減少した。2013年は，シロザケの来遊数は約50万尾と回復したが，来期以降の来遊数は震災の影響により，大幅に減少することが予想されている。シロザケは海に降りた直後と1年目の最初の越冬時に大量に死亡すると考えられている（帰山 2011）。したがって，今後，シロザケの来遊数を増やすためには，健康で大型のサケ稚魚を育成して放流することで生残数が高まり，その結果として，来遊数も増加することになると考えられる。そのためには，ふ化場でのサケ稚魚の育成期間に，健康で大型を育成するための

さらなる増養殖技術の開発に関する取り組みを必要とする。

我々は，シロザケの加工工程で大量に生じるシロザケの未利用資源に着目した。これまでサケ頭部は，鼻軟骨の加工食品が「氷頭ナマス」として，唯一商品化されているにすぎず，加工原料を採取した後の頭部のほとんどは廃棄処分されている。一方，我々は，シロザケの成長促進におけるGHおよびIGF-Iの機能およびメカニズムに関する研究を進めている過程で，加工原料を採取した後のサケ頭部の残滓に，魚類の成長や性成熟を統御する機能性素材が豊富に残存することがわかった。したがって，頭部残滓から有用部位を効率よく採取し，機能性成分を大量に調製することにより，これをシロザケやウナギなどの水産増養対象魚の生産性を向上させる増養殖に有効活用することができるとの発想に至った。そこで，我々は岩手県内の大学，研究機関や水産加工業者と連携して，「サケ頭部の未利用資源を高度有効活用することにより，水産資源として重要な魚類の増産に資する増養殖技術の開発」に関する研究を進めている。

サケ頭部の未利用資源を水産増養殖に有効活用するために，機能性素材を有する有用部位の採取技術を検討した。機能性素材を有する部位は雄・雌やサイズの大小にかかわらずほとんど変わらないことから，サケ頭部残滓からの有用部位を迅速に採取する基礎技術を水産加工業者と共に開発した。次いで，有用部位から魚類の成長や成熟を促す機能性成分を簡便かつ大量に濃縮する調製法を確立した。調製した液体の増体促進成分を市販の飼料に添加して作成した増体促進成分含有飼料(1～5 μg/g 飼料)を，ニジマス稚魚に，毎日，摂餌させて3か月間飼育した結果，増体促進成分含有飼料群の魚の体重は，コントロールと比べて，著しく増加することが明らかになった(森山 2010a)(図3a)。また，増体促進成分含有飼料による成長促進効果は，カレイ・ヒラメ，チョウザメ，ウナギや錦鯉でも認められる(森山 2009；2010b；2011)。増体促進成分含有飼料を摂餌した魚の肝臓のIGF-Iの発現レベルは，通常飼料を摂餌した魚よりも高い値を示す(図3b)。このことは餌と共に摂餌した増体促進成分の一部が胃や消化器官での消化・分解を免れて体内に取り込まれ，その成分が魚自身の成長促進機構を活性化させ，結果として，魚の成長

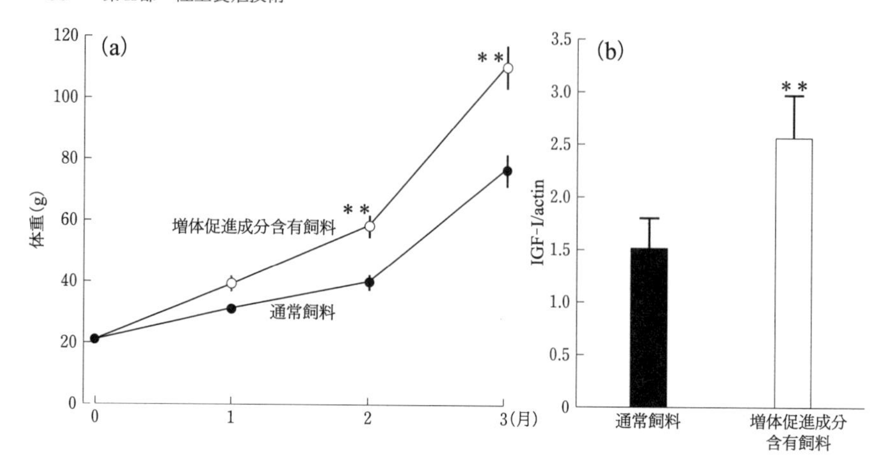

図 3　増体促進成分含有飼料を摂餌したニジマスの成長(a)および肝臓のインスリン様成長因子の発現レベル(b)。市販の配合飼料に 5 μg/g 飼料になるように増体促進成分を混合した。体重 20 g のニジマス稚魚(n=15)に，1 日に体重の 2%与えて 3 か月間飼育した。

が促されたといえる。本飼料は，魚類だけでなく，アワビの成長促進においても有効な効果が認められる。

淡水と海水で飼育しているサケ稚魚に増体促進成分含有飼料を摂餌させて飼育したところ，コントロールしたものと比べて淡水と海水飼育群共に有意な成長促進効果は認められていない。しかし，増体促進成分含有飼料を摂餌させた群の生残率は，通常飼料の 3 倍であった。これらのことからサケ稚魚における増体促進成分の効果は，成長促進よりも生体維持に有効であると考えられる。今後，詳細な検討を必要とする。一方，100〜1,000 倍量のシロザケの増体促進成分をマウスに注射しても成長促進効果は認められない(森山 2010b)。また，同量の増体促進成分を添加した飼料をマウスに摂餌させて 1 か月間，飼育しても成長促進効果は認められない(森山 2010 b)。したがって，シロザケの増体促進成分は少なくとも魚類とアワビにおいて有効な成長促進効果を示すと考えられる。

サケ頭部の未利用資源から調製した増体促進成分が魚類の成長を促進させることから，これを水産増養殖に有効活用することは可能である。しかし，増体促進成分を活用するためには，本成分をベースとした機能性飼料を作成する必要がある。増体促進成分はタンパク質画分であるため，そのまま飼料に配合した場合，消化管での消化・分解される割合が高いこと，また，飼料を作成する過程で，高温にさらされるので失活することなどが危惧された。これまでの研究成果に基づいて，増体促進成分を腸溶性高分子でコーティングすることは有効であるがコスト高となり実用的ではない。そこで，飼料メーカーとの連携のもと，増体促進成分をデンプンあるいはアルギン酸でコーティングした後に機能性飼料を作成することとした（森山 2011；Moriyama et al. 2009）。デンプンあるいはアルギン酸で増体促進成分をコーティングして凍結乾燥した後，これらを弱酸性の溶液中に48時間放置してもタンパク質はほとんど溶出しない。また，増体促進成分は，70℃で10分間加温しても活性画分が熱変性に耐えうることがわかった。これらの知見に基づいて，増体促進成分をベースとした機能性飼料を試作した。機能性飼料をニジマス稚魚に，毎日，摂餌させて3か月間飼育した結果，液体の増体促進成分含有飼料群と同等の成長促進効果が認められた。また，機能性飼料を摂餌した後の肝臓のIGF-Iの発現レベルが，コントロールのものよりも高い値で推移することもわかった。さらに機能性飼料の効果は，ヒラメ，チョウザメや錦鯉でも認められる。これらの魚における機能性飼料による成長促進効果は，増体促進成分の1～5 μg/g飼料の範囲では添加量に依存して認められるが，それ以上になると成長促進効果が抑制される傾向を示す。これらのことより，サケ頭部の未利用資源から調製した増体促進成分，さらに，これをベースとした機能性飼料を有効活用することにより水産増養殖対象魚の成長を効率よく促進させることができると考えられる。

4．マイクロバブルおよびナノバブル技術の水産増養殖への応用に向けた研究

サケ科魚類をはじめとする魚類の成長は，水温，日照時間や水流，また栄養状態を調節することにより制御できる（Moriyama & Kawauchi 2001；森山 2006）。シロザケを通常の飼育水温よりも高い水温で飼育すると血中のGH

とIGF-I濃度，またこれらホルモンの遺伝子の発現レベルは増加し，低水温で飼育した魚よりも成長は速まる(Bjornsson et al. 2004)。日照時間を調節してシロザケを飼育すると，長日処理した魚の成長は自然日照あるいは短日処理した魚よりもよく，血中のGHおよびIGF-I濃度も高い値を示す(McCormich et al. 2000)。さらに，シロザケの成長速度が飼育水槽の水流に依存することも明らかにされ，成長の速い魚で血中のGHおよびIGF-I濃度が高い傾向を示すことが認められている。このようにシロザケの成長は水温，日照時間や水流などに依存し，成長速度とGHおよびIGF-Iの情報伝達系が密接に関係していることが明らかにされている。したがって，成長のよいサケ科魚類を育成するうえで，内因性のGHおよびIGF-Iの能力を最大限に引き出すことができる適切な飼育環境を整備することも重要である。

一方，我々は，十数年前に，微細な気泡を発生させるノズルをセットしたエアレーションポンプを設置して水を循環させることにより，淡水・海水共に汚濁水の浄化に有効であるのみならず，この環境下で飼育した魚類の成長が促される傾向を示すことを見出した。本技術の水産増養殖への活用法についても研究を進めている。当時は，数百μm以下の微細な気泡を安定して発生させることができなかったため，魚の成長促進に及ぼすエアレーションポンプの効果は不明であった。その後，数μmあるいは数nm単位の微細な気泡を安定して発生させるマイクロバブルあるいはナノバブルを発生させる基礎的技術が確立され，マイクロバブルおよびナノバブルの発生装置が開発された(大成 2006；柘植 2010)。これまで，これら微細気泡発生装置は，主に汚濁水の浄化のために使用されていた。最近，数百μmのマイクロバブルを大量に発生させるマガキの養殖棚に設置したところ，貝類の肥育に有効であることが示された。しかし，マイクロバブルのマガキの肥育に及ぼすメカニズムは不明である。そこで，我々は，魚介類の成長促進に及ぼすマイクロバブルおよびナノバブルの効果について検証した。

淡水を満たした0.5トンの円形水槽に，気液せん断法のマイクロバブル発生ノズルを設置し，最大揚水量が37 L/min，62 L/minおよび87 L/minの水中ポンプを用いてマイクロバブル(気泡径：15〜40μm)を4日間連続して発

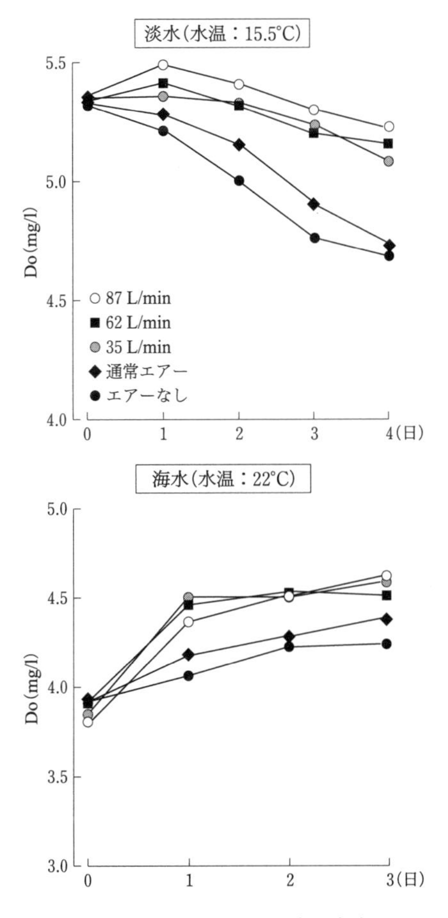

図4　マイクロバブルを発生させた淡水と海水における溶存酸素量。淡水と海水を満たした0.5トン水槽に最大揚水量が37 L/min，62 L/minおよび87 L/minの水中ポンプにマイクロバブル発生ノズルを接続し，4日間マイクロバブルを発生させて，溶存酸素量を測定した。なお，溶存酸素量を通常エアーおよびエアーなし水槽と比較した。

生させたところ，水中ポンプの揚水量の違いにかかわらず通常のエアレーションよりも溶存酸素量は高いまま維持された 87 L/min の水中ポンプが最も溶存酸素量のレベルが高かった(図 4)。一方，いずれの水槽でも pH の変化は認められなかった。また，同様の装置および条件下で，海水を用いて試験を行った結果，淡水試験と同様に，ポンプの揚水量の違いにかかわらず，通常エアー水槽よりも高い溶存酸素量が維持されることがわかった。このようにマイクロバブルを発生させることにより，淡水と海水共に溶存酸素量が高まることがわかった。

次に，淡水を満たした 1 トンの角型水槽に，気液せん断法(62 L/min の水中ポンプ)によりマイクロバブルを発生させる装置と加圧減圧法によりナノバブル(気泡径：100～300 nm)を発生させる装置を，それぞれ設置して 3 日間連続してマイクロバブルおよびナノバブルを発生させたところ，溶存酸素量は，ナノバブル発生水槽が最も高く，次いで，マイクロバブル発生水槽，通常エ

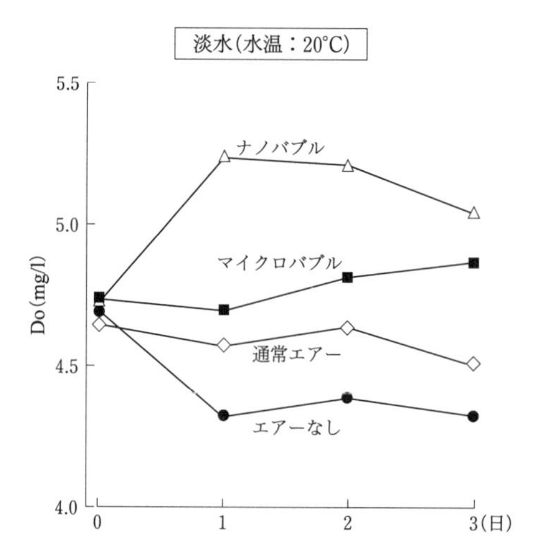

図 5　ナノバブルおよびマイクロバブルを発生させた淡水における溶存酸素量。淡水を満たした 1 トン水槽に最大揚水量が 10 L/min のポンプに接続したナノバブルノズルおよび 62 L/min のポンプに接続した装置を用いて，3 日間ナノバブルおよびマイクロバブルを発生させて，溶存酸素量を測定した。なお，溶存酸素量を通常エアーおよびエアーなし水槽と比較した。

アー水槽およびエアーなし水槽の順であった(図5)。一方，いずれの水槽でもpHの変化は認められなかった。本実験の結果には再現性が認められる。これらのことにより，ナノバブル発生装置の方が，マイクロバブル発生装置よりも溶存酸素量が高いレベルのまま維持されるといえる。

サケ稚魚をマイクロバブル発生水槽，通常エアー水槽およびエアーなし水槽(0.5トン)で，それぞれ飼育したところ，マイクロバブル発生水槽における溶存酸素量が最も高く，通常エアーとエアーなし水槽の順であった。サケ稚魚の成長は，マイクロバブル発生水槽が最も高く，通常エアーとエアーなし水槽は同等であった(図6)。さらに飼育開始から70日目の各水槽の魚の肝臓におけるIGF-Iの発現レベルは，マイクロバブル発生水槽が最も高く，通常エアーとエアーなし水槽で飼育した魚では同等のレベルであった。また，マイクロバブルによる成長促進効果はアワビでも認められる。さらにナノバブル発生水槽で飼育したチョウザメの成長もコントロールの魚と比べて，著しく促進され，肝臓のIGF-Iの発現レベルも高いまま推移する。これらのことから，マイクロバブルおよびナノバブルは魚の成長促進機構を活性化させる効果を有すると考えられる。一方，クサフグや錦鯉をマイクロバブルあるいはナノバブル発生水槽で長期間飼育すると，成長は通常エアーで飼育した魚よりも劣る。したがって，ナノバブルあるいはマイクロバブルの発生条件によっては，成長を抑制することになり，今後，さらに魚介類の成長促進に及ぼす微細気泡の効果を検討する必要がある。

5．今後の研究の展開

三陸沿岸で漁獲あるいは養殖されていたシロザケをはじめとする魚類，またアワビ，ウニとナマコなどの資源量を効率よく回復させ，それらの漁獲量あるいは生産量を増産させるためには，健康で大型の養殖用種苗の作出および中間育成期間の短縮をはかる増養殖技術を確立することはきわめて重要である。そのためには，これらの魚介類の成長，適応や成熟など促進する機能性成分を高度有効活用し，魚介類自身の生物特性を活性化させることは重要

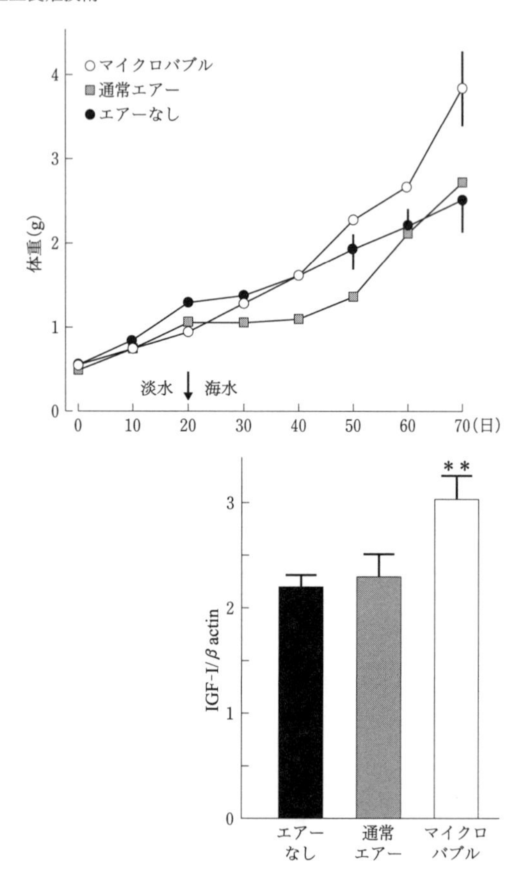

図 6　マイクロバブルを発生させた水槽で飼育したサケ稚魚の成長および肝臓のインスリン様成長因子の発現レベル。体重 0.6 g のサケ稚魚(n=500)を 0.5 トンの水槽に収容し，マイクロバブルの成長促進に及ぼす効果を検証した。なお，コントロールとして，通常エアーおよびエアーなし水槽群を設けた。実験開始から 20 日間は淡水で飼育し，その後，海水で 50 日間飼育した。餌は 1 日 4 回体重の 3%を与えた。飼育開始から 70 日目に肝臓のインスリン様成長因子の発現レベルを比較した。

である。その一方で，高成長・高品質の魚介類を簡便かつ効率よく肥育できる陸上の養殖環境を構築することもきわめて重要である。我々は，四半世紀にわたって，サケ頭部の未利用資源を水産増養殖に高度有効活用する水産バイオ技術，またマイクロバブルあるいはナノバブルなどの微細気泡発生技術を導入した陸上養殖環境に関する研究を進めている。その結果，これまでにチョウザメをナノバブル発生水槽で飼育し，さらに増体促進成分をベースとした機能性飼料を摂餌させると，エアー水槽で飼育した魚に機能性飼料を摂餌させた魚よりも体重が著しく増加することが明らかになった。また，機能性飼料とマイクロバブルを組み合わせた成長促進効果はアワビでも認められている。現在，これらの魚介類に加えて，サケ科魚類，カレイ・ヒラメやブリなどの魚類，またウニやナマコにおける機能性飼料とナノバブル・マイクロバブルを組み合わせた有効性に関する実証試験を行っている。

我々は，東日本大震災による甚大な被害を受けた東北沿岸の水産資源と水産業・養殖業を再生・回復させて，将来に希望がもてる新しいシステムに基づいて東北沿岸の魚介類の漁獲および生産を目指した水産増養殖技術を構築することにつながる基礎および実用化技術に関する研究に取り組んでいる。我々の研究により得られた成果が，わずかでも漁業・水産業に携わる人々に貢献でき，安全・安心な魚介類を安定的に生産することができればと考えている。

本章に記した研究成果の多くは，岩手県内の教育機関，研究機関および水産加工会社などの支援および共同研究による。また，本研究の一部は，財団法人さんりく基金，科学研究費補助金および(独)科学技術振興機構の支援により得られた成果である。関係機関および関係各位に感謝を申し上げます。

[引用・参考文献]

Bjornsson, B. Th., Johansson, V., Benedet, S., Einarsdottir, I.E., Hildahl, J., Agustsson, T. and Jonsson, E. 2004. Growth hormone endocrinology of salmonids: regulatory mechanisms and mode of action, Fish Physiol. Biochem., 27: 227-242.

Dickhoff, W. W., Beckman, E. R., Larsen, D. A., Duan, C. and Moriyama, S. 1997. The role of growth in endocrine regulation of salmon smoltification. Fish Physiol. Biochem., 17: 231-236.

帰山雅秀. 2011. 気候変動とサケ資源について. 北海道気候変動観測ネットワーク設立記念フォーラム報告書：21-27. 財団法人北海道環境財団.

Kaiya, H., Kojima, M., Hosoda, H., Moriyama, S., Takahashi, A., Kawauchi, H. and Kangawa, K. 2003a. Peptide purification, complementary deoxyribonucleic acid (DNA) and genomic DNA cloning, and functional characterization of ghrelin in rainbow trout. Endocrinology, 144: 5215-526.

Kaiya, H., Kojima, M., Hosoda, H., Riley, L. G., Hirano, T., Grau, E. G., and Kangawa, K. 2003b. Identification of tilapia ghrelin and its effects on growth hormone and prolactin release in the tilapia, Oreochromis mossambicus. Comp. Biochem. Physiol. B Biochem. Mol. Biol., 135: 421-429.

Kaiya, H., Tsukada, T., Yuge, S., Mondo, H., Kangawa, K., and Takei, Y. 2006. Identification of eel ghrelin in plasma and stomach by radioimmunoassay and histochemistry. Gen. Comp. Endocrinol., 148: 375-382.

Kawauchi, H. and Moriyama, S. 1986. Chum salmon growth hormone: Isolation and effects on growth of juvenile rainbow trout, *In*: A. K. Sparks, ed., New and Innovative Advances in Biology/Engineering with Potential for Use in Aquaculture. NOAA Tech. Per. NMFS 70, Natl. Mar. Fish., p. 1-6.

Kawauchi, H., Moriyama, S., Yasuda, A., Shirahata, K., Kubota, J. and Hirano, T. 1986. Isolation and characterization of chum salmon growth hormone, Arch. Biochem. Biophys., 224: 542-552.

Kojima, M., Hosoda, H., Date, Y., Nakazato, M., Matsuo, H. and Kangawa, K. 1999. Ghrelin is a growth-hormone-releasing acylated peptide from stomach. Nature, 402, 656-660.

McCormick, S. D., Kelley, K. M., Young, G., Nishioka, R. S. and Bern, H. A. 1992. Stimulation of coho salmon growth by insulin-like growth factor I. Gen. Comp. Endocrinol., 86: 398-406.

McLean, E. and Donaldson, E. M. 1993. The role of growth hormone in the growth of poikilotherms. *In* “The Endocrinology of Growth, Development, and Metabolism in Vertebrates”, (eds. Schreibman M.P., Scanes, C. G. and Pang, P. K. T.), p. 43-68. Academic Press, New York, USA.

Moriyama, S. 1995. Increased plasma insulin-like growth factor-I following oral and intraperitoneal administration of growth hormone to rainbow trout, *Oncorhynchus mykiss*, Growth Regulation, 5: 164-167.

Moriyama, S. 2006. Structures and tissues distributions of growth hormone and insulin-like growth factor-I receptors in salmon. 7th International Congress on the Biology of Fish. Newfoundland, Canada.

森山俊介. 2006. サケの成長促進における成長ホルモンとインスリン様成長因子. 海洋と生物, 28：58-68.

森山俊介. 2009. 魚類の未利用部位を高度有効活用した水産増養殖技術の開発. 三陸総合研究, 33：79-84.

森山俊介. 2010 a. サケ頭部残滓からの機能生成分を高度有効利用した魚類の増養殖技術の開発. 三陸総合研究, 34：71-76.

森山俊介. 2010 b. サケ頭部残滓からの機能生成分を高度有効利用した魚類の増養殖技術の開発. 三陸総合研究, 35：52-56.

森山俊介. 2011. サケ頭部の機能性成分配合飼料を有効利用した魚類の増養殖技術の開発. 三陸総合研究, 36：95-99.

Moriyama, S., Ayson, F. G. and Kawauchi, H. 2000. Growth regulation by insulin-like growth factor-I in fish, *Biosci. Biotechnol. Biochem*., 64: 1553-1562.

Moriyama, S., Furukawa, S. and Kawauchi, H. 2009. Growth stimulation of juvenile abalone, *Haliotis discus hannai*, by feeding with salmon growth hormone in sodium alginate gel. Fish. Sci., 75: 689-696.

Moriyama, S. and Kawauchi, H. 1990. Growth stimulation of juvenile salmonids by immersion in recombinant salmon growth hormone.Nippon Suisan Gakkaishi, 56: 31-34.

Moriyama, S. and Kawauchi, H. 2001. Growth regulation by growth hormone and insulin-like growth factor-I in teleosts, Otsuchi Marine Science, 26: 23-27.

Moriyama, S., Kawauchi, H. and Kagawa, H. 1999. Nutritional regulation of insulin-like growth factor-I plasma levels in smolting masu salmon, *Oncorhynchus masou*. Bull. Natl. Inst. Aquacult. Suppl., 1: 7-11.

Moriyama, S., Takahashi, A., Hirano, T. and Kawauchi, H. 1990. Salmon growth hormone is transported into circulation of rainbow trout, *Oncorhynchus mykiss*, after intestinal administration. J. Comp. Physiol., 160B: 251-257.

Moriyama, S., Yamamoto, H., Sugimoto, S., Abe, T., Hirano, T. and Kawauchi, H. 1993. Oral administration of recombinant salmon growth hormone to rainbow trout, *Oncorhynchus mykiss*. Aquaculture, 112: 99-106.

大成博人. 2006. マイクロバブルのすべて. 285 pp. 日本実業出版社.

Pierce, A. L., Beckman, B. R., Shearer, K. D., Larsen, D. A. and Dickhoff, W. W. 2001. Effects of ration on somatotropic hormones and growth in coho salmon. Comp. Biochem. Physiol. B Biochem. Mol. Biol., 128: 255-264.

柘植秀樹. 2010. マイクロバブル・ナノバブルの最新技術(新材料・新素材シリーズ). 319 pp. シーエムシー出版.

第III部

回帰性に関する
生理・生態・遺伝学

第5章 サケの母川回帰性に関する生理学

上田　宏

1. はじめに

シロザケとサクラマスが含まれる太平洋サケは，稚幼魚が降河回遊するときに母川のニオイを嗅覚機能により脳に刷り込まれ(記銘 imprinting：学習と異なり，限られた時期に不可逆的に形成される特殊な記憶)，親魚が繁殖のため記銘された母川のニオイを嗅覚機能により高精度で識別して回帰(homing)すると考えられている(Hasler & Scholz 1983)。シロザケがどのような生理学的メカニズムで母川記銘・回帰するかを解明することができれば，稚魚の母川記銘能を向上させることにより，親魚の母川回帰率を向上させ，回帰親魚数を増加させることができると考えられる。ここでは生物学の大きな謎の１つであるシロザケの母川記銘・回帰メカニズムを解明するために行っている内分泌学的研究および神経生理学的研究について，これまでに明らかになってきた最新の結果を概説する。さらに，生理活性物質投与による母川記銘能への影響に関する予備的知見を記述し，新たなシロザケ稚魚の放流技術を提案する。そして，わが国の重要なサケ資源を将来的にも有効利用することを目指して，シロザケの母川回帰性に関する生理学の将来展望についても考えてみる。

2．内分泌学的研究

母川記銘時の変化

サケ稚幼魚が降河回遊するときには，淡水から海水に適応するため浸透圧調節機能などが変化するので体色が銀白化する銀化(smoltification または parr-smolt transformation：PST)が観察され，インシュリン・プロラクチン・甲状腺ホルモン・成長ホルモン・コルチゾールなどのさまざまなホルモンが関与していることが報告されている(McCormick 2009；Björnsson et al. 2011)。またシロザケの銀化は，ほかの脊椎動物の変態(metamorphosis)と類似した現象であると考えられている(Björnsson et al. 2012)。さらに，シロザケの母川記銘は，鳥類のヒナがふ化したときに動くものを親鳥として刷り込まれる現象と類似した現象であると考えられている。最新の研究により，ふ化直後のヒヨコの脳においてサイロキシン(T 4)から転換されたトリヨードサイロニン(T 3)が，ヒヨコの刷り込みに重要であることが報告された(Yamaguchi et al. 2012)。サケ稚幼魚の降河回遊にともなう母川記銘には，脳－下垂体－甲状腺系(Brain-Pituitary-Thyroid axis：BPT)のホルモン(脳から分泌される甲状腺刺激ホルモン放出ホルモン：TRHa・TRHb)，下垂体から分泌される甲状腺刺激ホルモン(TSH)，甲状腺から分泌されるＴ３・Ｔ４が重要な役割を演じていると考えられている。

シロザケ稚魚はふ化後約 6 か月，サクラマス幼魚はふ化後約 18 か月の春(3～5 月)に降河回遊を行う。降河回遊は，月の満ち引きと関係があり，北米のギンザケが 3 月の新月の日に，血中甲状腺ホルモン(T 4)量がピークとなり，その後にスモルトが降河回遊を開始することが報告された(Grau et al. 1981)。同様の現象はサクラマスでも観察され，スモルトの血中Ｔ４量が 4 月の新月の日にピークとなり，その後に降雨があると降河回遊個体が増加することが観察された(Yamauchi et al. 1985)。一方，シロザケでは，稚魚の血中Ｔ４量がふ化場から河川に放流される刺激，および降雨・濁り水・低水温などの刺激により上昇することが観察された(Iwata et al. 2003)。さらに，

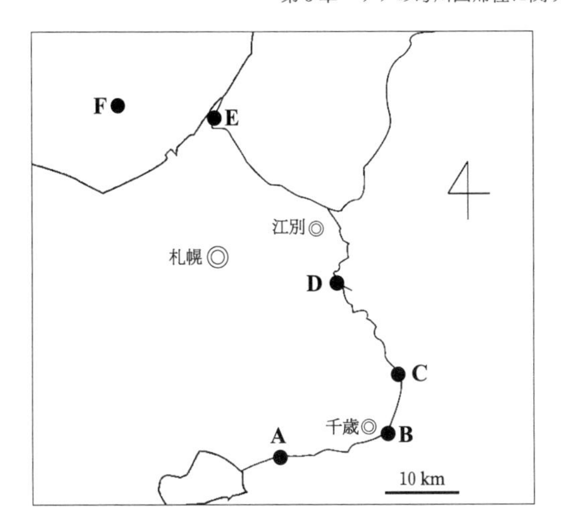

図1　シロザケ稚魚の千歳ふ化場から石狩湾までの降河回遊における採集地点。A：千歳ふ化場，B：第二千歳橋，C：釜加，D：旧夕張川分岐点，E：石狩川河口，F：石狩湾

シロザケ稚魚の血中T4量と降河行動に及ぼす濁り水とT4経口投与による影響を観察したところ，濁り水は血中T4量を増加させ降河行動も誘発したが，T4経口投与は血中T4量を増加させたが降河行動は誘発しなかったことが報告された(Ojima & Iwata 2007)。

(独)水産研究総合センター北海道区水産研究所千歳事業所(千歳ふ化場：図1A)で飼育され，千歳川へ放流されたシロザケ稚魚のBPT系ホルモンの分泌動態を，第二千歳橋(図1B)～釜加(図1C)～旧夕張川分岐点(図1D)～石狩川河口(図1E)～石狩湾(図1F)までの降河回遊にともないどのように変化するかを現在解析している。

母川回帰時の変化

サケ親魚は繁殖のため遡河回遊して母川回帰するので，生殖腺の成熟を調整する脳－下垂体－生殖腺系(Brain-Pituitary-Gonad axis：BPG)のホルモンが，シロザケの母川回帰行動を制御していると考えられる(Ueda & Yamauchi 1995)。シロザケの脳にはサケ型生殖腺刺激ホルモン放出ホルモン(sGnRH)とニワトリII型GnRH（cGnRH-II）が存在し，特に嗅球・終神経・視索前野から分泌されるsGnRHは性成熟および母川回帰に重要な役割を演じていると考えられる（Amano et al. 1997）。ベーリング海から千歳川の産卵場まで回帰するシロザケの母川回帰にともなう，脳各部位のsGnRH・cIIGnRH，下垂体の生殖腺刺激ホルモン（GTH：生殖腺成熟の初期に関与するfollicle stimulating hormone：FSH・生殖腺成熟の後期に関与するluteinizing hormone：LH），および生殖腺から分泌されるステロイドホルモン（estradiol-17β：E 2，11-ketotestosterone：11 KT，testosterone：T，17α，20β-dihydroxy-4-pregnen-3-one：DHP）の分泌動態を時間分解蛍光測定法により解析した（上田 2009；Ueda 2011）。sGnRH量のピークは，嗅球では石狩川沿岸（雄）と石狩川河口付近（雌），終脳では雌雄とも石狩川と千歳川の分岐点であった。下垂体では石狩川沿岸（雌）と河口付近（雄）でsGnRH量の最高値が観察され，LH量の最高値と呼応していた。一方，cGnRH-IIは視蓋や延髄で石狩川と千歳川の分岐点および前産卵場で最高値が観察された。また，血中ステロイドホルモン量は，雄の精子形成に重要な11 KT，雌の卵黄形成に重要なE 2，および両者の前駆体で遡上行動に関与していると考えられるTの最高値が雌雄とも石狩川と千歳川の分岐点で，生殖腺の最終成熟に関与するDHPは産卵場で急増した。さらに，脳の前方（嗅神経と嗅球）と脳の後方（終脳腹側と視索前野）に存在するsGnRHニューロンの細胞数およびmRNA量の変化を，母川に遡上する前の母川沿岸と母川に遡上した後の産卵場で観察したところ，嗅覚系では母川沿岸時の方がニューロン数およびmRNA量とも高く産卵場では減少するのに対し，脳の後方では母川遡上後にニューロン数およびmRNA量とも増加した（Kudo et al. 1996）。シロザケのBPG系ホルモンの分泌動態が変化し，特にsGnRHが脳の部位特異的にさまざまな作用を発現し，シロザケの母川回帰行動を主導的に調節していると考えられる。

3．神経生理学解析

シロザケが河川固有のニオイを識別して母川回帰するという嗅覚仮説

(olfactory hypothesis)は1950年代にA. D. Haslerらによって提唱された(Hasler & Wisby 1951；Wisby & Hasler 1954)。さらに，サケ稚魚は降河回遊時に産卵場から河口までの道筋を連続的に記銘しているという連続記銘説(sequential imprinting hypothesis)も提唱されている(Harden-Jones 1968)。河川固有のニオイはどのような成分であるか長い間不明であったが，我々の研究により，サクラマスは河川固有の溶存遊離アミノ酸(Dissolved free amino acid：DFAA)を識別でき(Shoji et al. 2000)，シロザケはDFAAの濃度ではなく組成を識別できることが明らかになった(Yamamoto & Ueda 2009)。また，ヒメマスはPST期前に2週間アミノ酸で飼育されるとそのアミノ酸を記銘し，2年後の成熟した産卵期にそのアミノ酸を選択できることを証明した(Yamamoto et al. 2010)。さらに，シロザケは稚魚の春の降河回遊時と親魚の4年後の秋の遡河回遊時に変化しないDFAA組成を識別している可能性を示唆した(Yamamoto et al. 2013)。

一方，高等脊椎動物の脳における記憶に関する研究により，大脳辺縁系の海馬(hippocampus)に存在するN-methyl-D-asparate receptor(NMDA受容体)が，シナプス可塑性である長期増強(long-term potentiation：LTP)を誘発することにより，記憶や学習に重要な役割を果たしていることがわかってきている(Mayer & Westbrook 1987；Brim et al. 2013)。キンギョにおいてもNMDA受容体阻害剤を投与すると終脳における空間学習の記憶が阻害されることが報告されている(Gómez et al. 2006)。NMDA受容体は，必須サブユニットであるNR1と特性を決定するNR2(NR2A・NR2B・NR2C・NR2D)から構成される(Shipton & Paulsen 2014)。ごく最近，韓国の陳徳姫教授との国際共同研究によりシロザケのNR1がクローニングされた(Yu et al. 2014)。

シロザケ稚魚の降河回遊にともない母川記銘に関与する全脳におけるNR1遺伝子発現量がどのように変化するかを解析している。また，シロザケ親魚のベーリング海(図2A)～石狩湾(図2B)～インディアン水車(図2C)～千歳ふ化場(図2D)までの母川回帰にともない，母川想起に関与する全脳におけるNR1遺伝子発現量が，どのように変化するかを解析している。

母川記銘のメカニズムは，ふ化場から河川に放流された環境要因の変化が，

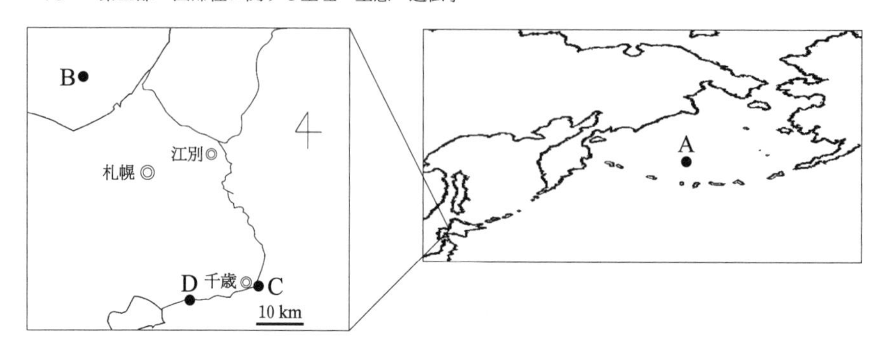

図 2　シロザケ親魚のベーリング海から千歳川ふ化場までの母川回帰における採集地点。A：ベーリング海，B：石狩湾，C：インディアン水車，D：千歳ふ化場

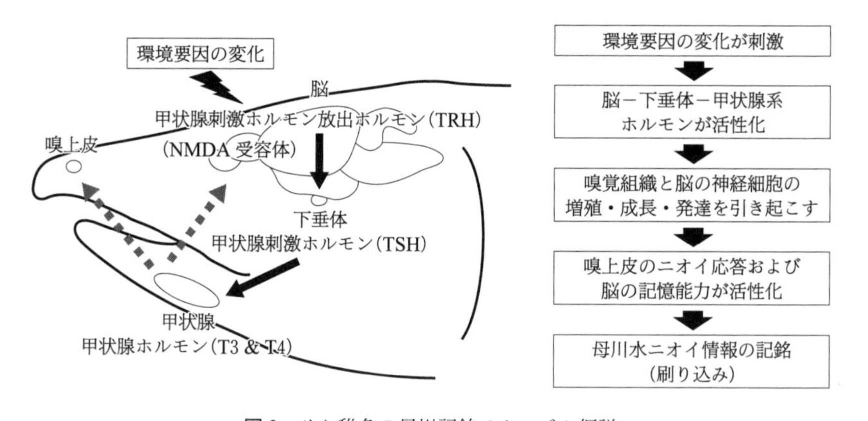

図 3　サケ稚魚の母川記銘メカニズム仮説

脳（TRH）－下垂体（TSH）－甲状腺（T3 & T4）系を活性化させ，嗅覚組織と脳の神経細胞の増殖・成長・発達を引き起こし，嗅上皮におけるニオイ応答および脳の NMDA 受容体を介した記憶能力が活性化し，母川水のニオイ情報の記銘（刷り込み）が生じるのではと考えている（図3）。

4．生理活性物質投与による母川記銘能への影響

最新の内分泌学的研究および神経生理学的研究により，シロザケ稚魚は降

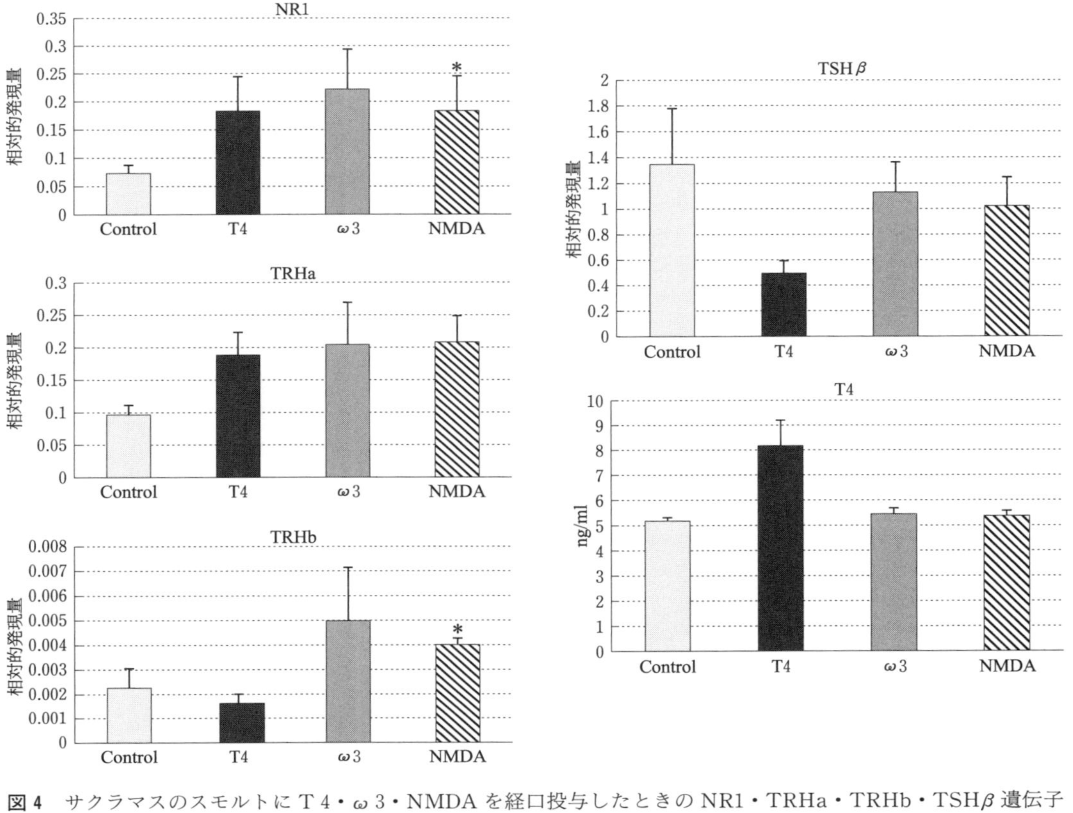

図 4　サクラマスのスモルトにＴ４・ω３・NMDA を経口投与したときの NR1・TRHa・TRHb・TSHβ 遺伝子発現量の β-アクチンで補正した相対的発現量，および血中Ｔ４量の変化。＊：$P<0.05$

河回遊時にBPT系ホルモンが活性化することにより，NMDA受容体が活性化し母川記銘が行われる可能性が示唆された。そこで，脳神経機能を向上させることが報告されているBTP系ホルモンのT4(Yamaguchi et al. 2012)，NMDA受容体アゴニストのNMDA(Nakamori et al. 2013)，および神経機能を向上させることが知られているドコサヘキサエン酸(docosahexaenoic acid：DHA；Hiratsuka et al. 2009)を含むω3(α-リノレン酸・エイコサペンタエン酸・DHAを含むω3位に炭素-炭素二重結合をもつ脂肪酸)をサクラマススモルトに経口投与し，BPT系ホルモン(TRHa・TRHb・TSHβ・T4)およびNR1がどのように変化するかを調べた。T4(2 mg/g飼料)とNMDA(10 mM/g飼料)は1回，ω3(4.6%)は1週間経口投与した。

その結果，T4・ω3・NMDA投与群において対照群よりNR1とTRHa遺伝子発現量が増加したが，TRHb遺伝子はT4投与群のみ増加しなかった。TSH・遺伝子発現量と血中T4量は，ω3とNMDA投与群では対照群と差がなかったが，T4投与群ではTSH・遺伝子発現量が減少し，血中T4量が増加した(図4)。生理活性物質の経口投与により，母川記銘能に関与するTRH・NR1遺伝子発現量が上昇したことにより，母川水ニオイに対する嗅覚応答がどのように変化するかを今後調べる必要がある。また，ω3を経口投与したサクラマススモルトにPitタグ(Passive Integrated Transponder)を腹腔内に装着し，安家川から2013年5月に1,500尾，2014年4月に1,300尾を放流した。さらに，2014年5月にはPitタグリーダを下安家ふ化場に設置したので，サクラマス親魚が回帰すると自動受信できる体制を整えた。今後の親魚の回帰率がどのように変化するのかを，継続的に調査する予定である。

5．新たなシロザケのふ化放流技術の提案

シロザケの人工ふ化放流事業は，1980年代に稚魚放流数および親魚回帰数が飛躍的に増加した。これは，1970年代に行われた沿岸水域におけるシロザケ幼稚魚の調査により，沿岸水温が5～10℃のときにあわせて稚魚を放

流すると生残率が最もよく，回帰率も高くなることが判明した「適期放流」技術が確立したためと考えられている。しかし，沿岸水温を指標とした「適期放流」を行っているにもかかわらず，近年のシロザケ親魚の回帰数は減少し続けており，近年の気候変動下における新たな放流技術開発が求められている(関 2013)。

シロザケ・サクラマスの陸上養殖の現状および環境負荷軽減型閉鎖循環式陸上養殖設備の開発については，第2部第3章を参照されたい。

一般的に，河川から放流されたシロザケ稚魚の死亡率は沿岸域が最も高いと考えられている。この減耗を防ぐため，シロザケ稚魚をふ化場から湾内の生簀で海中飼育し放流する海水飼育放流が行われている。岩手県水産技術センターの最近の研究により，1週間程の短期海水飼育放流が，放流直後のシロザケ稚魚の生残と湾外までの移動に効果があることがわかってきた(清水勇一私信)。しかし，湾内で海中飼育放流したシロザケは，親魚が飼育されていた湾内までは回帰するが，母川記銘されていないため，母川までは回帰できず，資源の再生産には寄与できていない。

そこで，放流するシロザケ稚魚に，記銘能力を向上させる生理活性物質添加餌料を投与し，ふ化場付近の母川，母川河口，湾内海水飼育地点までの中間点，および海中飼育地点において，短期間蓄養・移動できる生簀装置を開発し，逐次記銘手法により，母川から海中飼育地点を記銘させる技術を開発する。これにより，海中飼育地点まで回帰した親魚が，母川のふ化場まで回帰することができるようになり，シロザケ資源の効率よい再生産システムを構築することができると考えられる。

6．おわりに

1950年代に北海道で行ったシロザケ稚魚を鰭切り標識し4河川から放流して，親魚の母川回帰率を調べた結果，91.6±17.3％(平均±標準偏差)が母川に正確に回帰した(坂野 1960)。また，米国のギンザケの母川回帰率も約90±10％と報告されている(Quinn 1997)。放流する稚幼魚の健苗性を高め，生残率を向上させ，さらに母川記銘能を向上させることにより，親魚の母川回帰数を増やすことができると考えられる。

またシロザケと異なり，サクラマスは放流まで約1年半ふ化場で飼育しなければならない。サクラマス幼稚魚の海水適応能力と逐次記銘能力を研究し，新たなサクラマス幼稚魚放流技術の開発を行うことにより，サクラマス資源増産システムを構築することが可能となる。

2011年の東日本大震災により甚大な被害を受けた東北地方の太平洋沿岸のシロザケ・サクラマスのふ化場を復興させるためには，シロザケ・サクラマス親魚の回帰数を安定して増大させることが必須である。1888年に千歳ふ化場で開始されたシロザケの人工ふ化放流は，先人たちの弛まない技術革新により，世界に誇れるシロザケ再生産システムを構築した。私の研究室で行っているシロザケの母川記銘・回帰機構に関する生理学的研究の成果が，シロザケの人工ふ化放流技術に応用され，サケ資源の持続的な再生産システムの構築に役立つことを願ってやまない。

本研究は，下記の方々との共同研究の成果であり，(　)内に記載した私の研究室に所属した大学院生らが実際に解析を行った。天野勝文・飯郷雅之・千葉洋明・水野伸也様，(木谷倫子・土田茂雄・古川直大・村上玲一・片山直紀君)。また，サクラマスのスモルト放流では，下安家漁業協同組合の島川良英様はじめ職員の皆様，北海道栽培漁業振興公社の中尾勝哉・新居久也・藤井　真・飯村幸代様，北海道立総合研究機構さけます・内水面水産試験場の小出展久・三坂尚行様，寒地土木研究所の林田寿文様，に大変お世話になった。ここに記して，深く感謝申し上げる。

[引用・参考文献]

Amano, M., Urano, A. and Aida, K. 1997. Distribution and function of gonadotropin-releasing hormone (GnRH) in the teleost brain. Zool. Sci., 14: 1-11.

Björnsson, B. T., Stefansson, S. O. and McCormick, S. D. 2011. Environmental endocrinology of salmon smoltification. Gen. Comp. Endocrinol., 170: 290-298.

Björnsson, B. T., Einarsdottir, I. E. and Power, D. 2012. Is salmon smoltification an example of vertebrate metamorphosis? Lessons learnt from work on flatfish larval development. Aquaculture, 363-363: 264-272.

Brim, B. L., Haskell, R., Awedikian, R., Ellinwood, N. M., Jin, E., Kumar, A., Foster, T. C. and Magnusson, K. R. 2013. Memory in aged mice is rescued by enhanced expression of the GluN2B subunit of the NMDA receptor. Behav. Brain Res., 238: 211-226.

Gómez, Y., Vargas, J. P., Portavella, M. and López, J. C. 2006. Spatial learning and goldfish telencephalon NMDA receptors. Neurobiol. Learn. Mem., 85：252-262.

Grau, E. G., Dickhoff, W. W., Nishioka, R. S., Bern, H. A. and Folmar, L. C. 1981. Lunar phasing of the thyroxine surge preparatory to seaward migration of salmonid fish. Science, 211: 607-609.

Harden-Jones, F. R. 1968. Fish Migration. 325pp. Arnold Press, London.

Hasler, A. D. and Scholz, A. T. 1983. Olfactory imprinting and homing in salmon. 134pp. Springer-Verlag, New York.

Hasler, A. D. and Wisby, W. J. 1951. Discrimination of stream odors by fishes and relation to parent stream behavior. Am. Natural., 85: 223-238.

Hiratsuka, S., Koizumi, K., Ooba, T. and Yokogoshi, H. 2009. Effects of dietary docosahexaenoic acid connecting phospholipids on the learning ability and fatty acid composition of the brain. J. Nutr. Sci. Vitaminol., 55: 374-380.

Iwata, M., Tsuboi, H., Yamashita, T., Amemiya, A., Yamada, H. and Chiba, H. 2003. Function and trigger of thyroxine surge in migration chum salmon *Oncorhynchus keta* fry. Aquaculture, 222: 315-329.

Kudo, H., Hyodo, S., Ueda, H., Hiroi, O., Aida, K., Urano, A. and Yamauchi, K. 1996. Cytophysiological changes in salmon gonadotropin-releasing hormone neurons in chum salmon (*Oncorhynchus keta*) forebrain during upstream migration. Cell Tiss. Res., 284: 261-267.

Mayer, M. L. and Westbrook, G. L. 1987. The physiology of excitatory amino acids in the vertebrate central nervous system. Prog. Neurobiol., 28: 197-276.

McCormick, S. D. 2009. Evolution of the hormonal control of animal performance: Insights from the seaward migration of salmon. Integr. Comp. Biol., 49: 408-422.

Nakamori, T., Maekawa, F., Sato, K., Tanaka, K. and Ohki-Hamazaki, H. 2013. Neural basis of imprinting behavior in chicks. Develop. Growth Differ., 55: 198-206.

Ojima, D. and Iwata, M. 2007. The relationship between thyroxine surge and onset of downstream migration in chum salmon *Oncorhynchus keta* fry. Aquaculture, 272: 185-193.

Quinn, T. 1997. Homing, straying, and colonization. NOAA Tech. Memo. NMFS NWFSC-30. In "Genetic effects of straying of non-native hatchery fish into natural populations" (ed. Grant, W. S.), p. 130.

坂野栄市. 1960. 北海道に於ける鮭稚魚の標識放流試験昭和26年～34年. 北海道さけ・ますふ化場研究業績, 161：17-38.

関二郎. 2013. さけます類の人工孵化放流に関する技術小史(放流編). 水産技術, 6：69-82.

Shipton, O. A. and Paulsen, O. 2014. GluN2A and GluN2B subunit-containing NMDA receptors in hippocampal plasticity. Phil. Trans. R. Soc. B., 369: 20130163.

Shoji, T., Ueda, H., Ohgami, T., Sakamoto, T., Katsuragi, Y., Yamauchi, K. and Kurihara, K. 2000. Amino acids dissolved in stream water as possible home stream odorants for masu salmon. Chem. Senses, 25: 553-540.

上田宏. 2009. サケ類の母川回帰メカニズム一行動から遺伝子までのアプローチ.「サケ学入門」(阿部周一編). pp. 71-82. 北海道大学出版会.

Ueda, H. 2011. Physiological mechanism of homing migration in Pacific salmon from behavioral to molecular biological approaches. Gen. Comp. Endocrinol., 170: 222-232.

Ueda, H. and Yamauchi, K. 1995. Biochemistry of fish migration. In "Biochemistry and Molecular Biology of Fishes" (eds. Hochachka, P. W. and Mommsen, T. P.), pp. 265-279. Elsevier Science B. V., Amsterdam.

Wisby, W. J. and Hasler, A. D. 1954. The effect of olfactory occlusion on migrating silver salmon (*O. kisutch*). J. Fish. Res. Board Can., 11: 472-478.

Yamaguchi, S., Aoki, N., Kitajima, T., Iikubo, E., Katagiri, S., Matsushima, T. and Homma, K. J. 2012. Thyroid hormone determined the start of the sensitive period of imprinting and primes later learning. Nature Comm., 3: 108.

Yamamoto, Y. and Ueda, H. 2009. Behavioral responses by migratory chum salmon to amino acids in natal stream water. Zool. Sci., 26: 778-782.

Yamamoto, Y., Hino, H. and Ueda, H. 2010. Olfactory imprinting of amino acids in lacustrine sockeye salmon. PloS ONE, 5: e8633.

Yamamoto, Y., Shibata, H. and Ueda, H. 2013. Olfactory homing of chum salmon to stable compositions of amino acids in natal stream water. Zool. Sci., 30: 607-612.

Yamauchi, K., Ban, M., Kasahara, N., Izumi, T., Kojima, H. and Harako T. 1985. Physiological and behavioral changes occurring during smoltification in the masu salmon, *Oncorhynchus masou*. Aquaculture, 45: 227-235.

Yu, J. N., Ham, S. H., Lee, S. I., Jin, H. J., Ueda, H. and Jin, D. H. 2014. Cloning and characterization of the N-methyl-D-aspartate receptor subunit NR1 gene from chum salmon, Oncorhynchus keta (Walbaum, 1792). Springer Plus, 3: 9.

第6章 三陸沿岸のシロザケ個体群の回復に向けて

帰山雅秀・秦　玉雪

我々は，三陸沿岸における水産業の復興なくして日本の水産業の発展はありえず，また単に震災前の状態に「復帰」するだけでは本当の「復興」にならないと考えている。我々の次の世代以降も安心してこの三陸の地に住み，生活基盤として漁業を続けて行けるような「持続可能な社会」の構築を目指している。本章では，持続可能な社会構築の一環として，三陸のシロザケ *Oncorhynchus keta* 個体群のリハビリテーションを目指し，三陸サケ情報ネットワークとしての役割を果たすことを目的としている。

本章は，「東北マリンサイエンス拠点形成事業」プロジェクトの一環として行われた研究成果に基づく。この拠点形成事業では，「東北地方太平洋沖地震とそれに伴う大津波により三陸の沿岸生態系が受けた各種の直接的間接的影響をできるだけ早く具体的に明らかにする」ことを目標とする。我々は「大震災がシロザケ個体群に及ぼした影響を沿岸生態系の大規模な攪乱からの回復と新たな変化である二次遷移過程においてプロジェクトが終了するまでモニタリングするとともに，沿岸生態系におけるシロザケの環境収容力の長期的変動予測を行う。また対象海域における沿岸漁業の速やかな復興とシロザケ野生魚の回復も視野に入れた将来における持続可能な資源利用や生態系の保全を考慮に入れ，研究成果に基づいた適切な提言を行なう」ことを具体的な目的としている。その目的達成のために，大震災からの一日でも早い復興のために現地において科学的知見に基づく科学者－行政－利益共有者による「さーもん・かふぇ」を2012年より開催し，情報の共有化をはかっている。

1．サケ類バイオマス動態

サケ類のバイオマスは，長期的な気候変動とよくリンクする。太平洋では10年以上の長い周期で大気と海洋が連動して変動するが，それを表す指数として太平洋十年規模振動(PDO)がある。北太平洋におけるサケ類の漁獲量とPDOの時系列変化を見ると，サケ類はPDOがプラスに転じると増え，マイナスになると減る(図1)。PDOがプラスからマイナスへ，あるいはマイナスからプラスへ中長期的に変化することを「気候レジーム(体制)がシフトする」という。PDOは1975/76年以降プラスの傾向が強く，その間サケ類は増えたが，1997/98年以降はマイナスに転じる場合が多くなってきた。1997/98年は20世紀最強の「スーパー・エルニーニョ」が起こり，それが次のレジームシフトをもたらしたと考えられている(Stabeno et al. 2001；Peterson et al. 2003)。北太平洋全体のサケ類の漁獲量は，ロシアのみカラフトマス *O. gorbuscha* とシロザケの増加が著しいために全体で高い水準を維持しているようにみえるが，環境収容力は確実にピークを越えたし，それを境にベニザケ *O. nerka* は減少し，わが国のシロザケも同じ傾向をたどっている(Kaeriyama et al. 2014)。北米大陸のワシントン州やオレゴン州のサケ類も同様の傾向を示す。どうも南方のサケ類はこの期を境に減少傾向へ向かっているように見える。北太平洋におけるサケ類の環境収容力は，1970年代後半から続いてきたこれまでの「よき時代」から，次の気候レジームの転換で変わりつつあるようである。

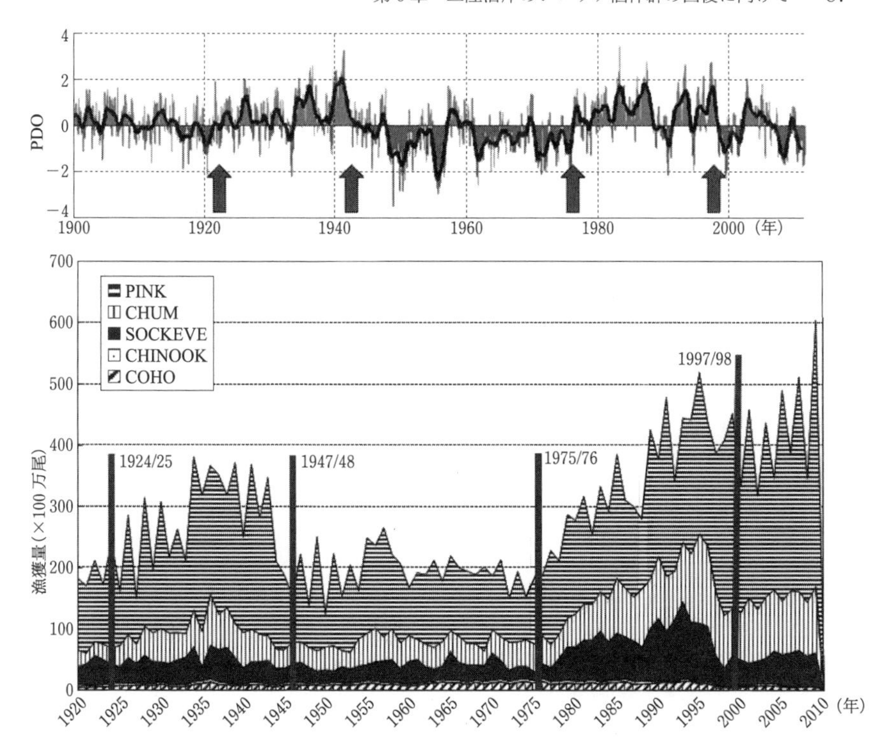

図1　北太平洋における気候変動とサケ属魚類バイオマス動態との関係（Kaeriyama et al. 2012）。PINK：カラフトマス，CHUM：シロザケ，SOCKEYE：ベニザケ，CHINOOK：マスノスケ，COHO：ギンザケ

2．わが国シロザケの個体群動態

わが国のシロザケ来遊数は1970年代後半から著しく増加してきたが，1990年代後半に8,000万尾強のピークをむかえた後，減少傾向に転じ，現在では3,000〜4,000万尾代で推移している（図2）。

東北三陸沿岸のシロザケの回帰率の経年変化を見ると，1995〜1996年級群の回帰率は岩手県も宮城県も著しく低下（1.6〜1.8%）している。これは1997/98年スーパー・エルニーニョに端を発する東部ベーリング海における

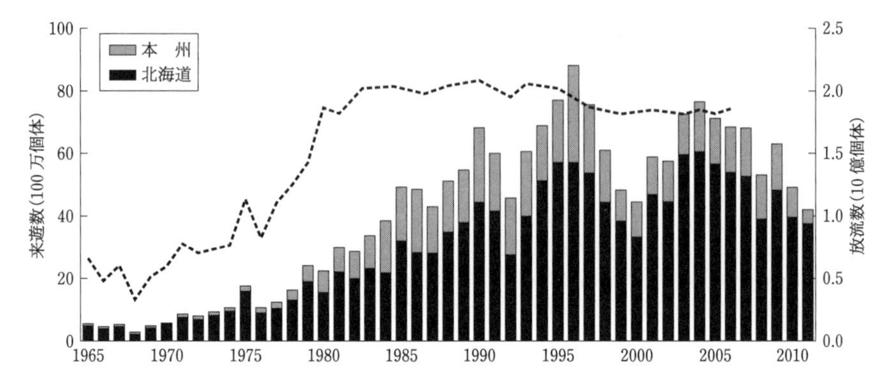

図 2　日本系シロザケの来遊数と放流数の経年変化(1965〜2011年)

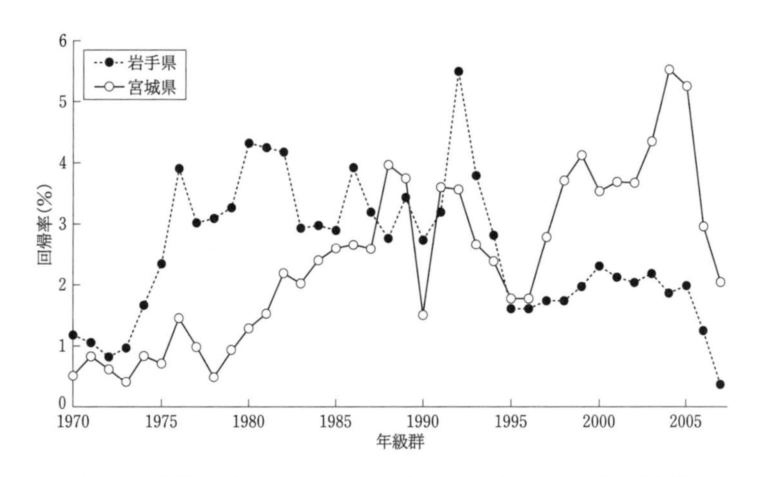

図 3　岩手県と宮城県におけるシロザケの回帰率の経年変化(年級群)

円石藻ココリス・ブルームによる珪藻−オキアミ類系の生態系の崩壊に起因する(Kruse 1998；Stabeno et al. 2001)。このとき，日本系シロザケのみならず，ブリストル湾系ベニザケやハシボソミズナギドリ *Puffinus tenuirostris* などの海鳥のバイオマスが餌であるオキアミ類の消失で飢餓により著しく減少した。その後，宮城県シロザケの回帰率は順調に回復し，2005年級群まで5%台にまで増加した。一方，岩手県シロザケの回帰率は回復することなく，1990年前半以前の水準を大幅に下回り，1.6〜2.3%と低水準で推移している。ただし，2006年級群以降は，岩手県に限らず，宮城県も，北海道の太平洋沿岸域のシロザケも回帰率が著しく低下した。なぜ岩手県シロザケの回帰率は1995年級群以降回復しなかったのかは現在のところ，明らかではない。

3．1980年代の三陸沿岸におけるシロザケ幼魚の沖合移動パターン

これまでの研究結果から，一般的に1980年代，三陸沿岸におけるシロザケ幼魚の沖合移動パターンには2グループが観察されている(帰山 1986)。例年4月下旬〜5月中旬(SST 8〜11℃)に沖合移動する大型グループ(FLモード120 mm)と，5月下旬〜6月末(SST 13℃)に沖合移動する小型グループ(FLモード80 mm)である(図4)。

大型グループは，発育段階が後期幼魚期から若魚期への移行期に相当し，内部骨格の形成もほぼ完了している。親潮指標種で動物プランクトンの *Themisto japonica* を卓越的に摂食しており，餌生物を探索しながら能動的に移動する(広域探索型摂餌移動)。その移動時期はほぼ親潮の離岸時期とも一致する(図5)。一方，小型グループは後期幼魚期初期の発育段階で移動している。中軸骨格や尾骨の化骨は完了しているが，各鰭条(きじょう)を指示する担鰭骨(たんきこつ)などはまだ軟骨のままである。その胃内容物はオタマボヤ，*Evadne* sp. および甲殻類幼生などの沿岸性小型動物プランクトンや陸上起源の昆虫類からなり，摂餌量は大型グループに比べ少ないことが知られている。親潮離岸後に沿岸黒潮の北上にともなう沿岸水温の昇温により，受動的に沖合移動している(逃避型受動的移動)と考えられている(帰山 1983；1986)。

4．2012〜2013年の三陸沿岸におけるシロザケの沖合移動パターン

図6に，2012年春季，岩手県を中心に三陸沿岸に分布するシロザケ幼魚の体サイズ(Fork length：FL)頻度分布の時系列変化を示した。シロザケ幼魚は5月中下旬に大型グループ(モードFL 100 mm)と小型グループ(モードFL 80 mm)で沖合へ移動していた。それ以後，山田湾，釜石湾および唐丹(とうに)湾で小型

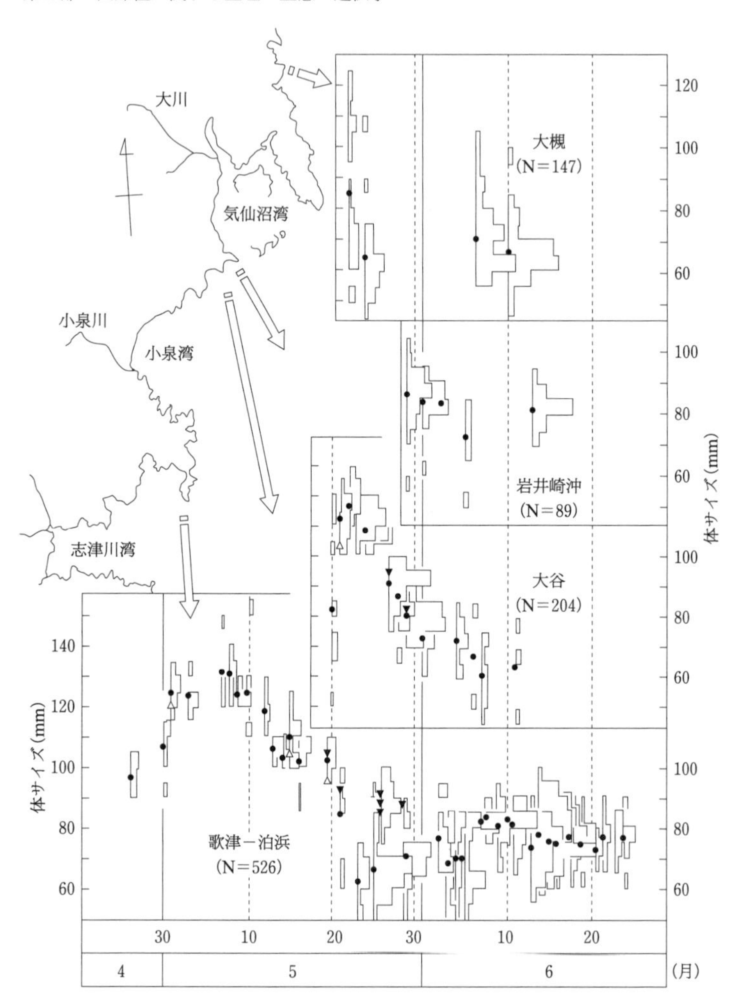

図 4　1980 年春季，三陸沿岸沖合移動期におけるシロザケ幼魚の体サイズ(帰山 1986)

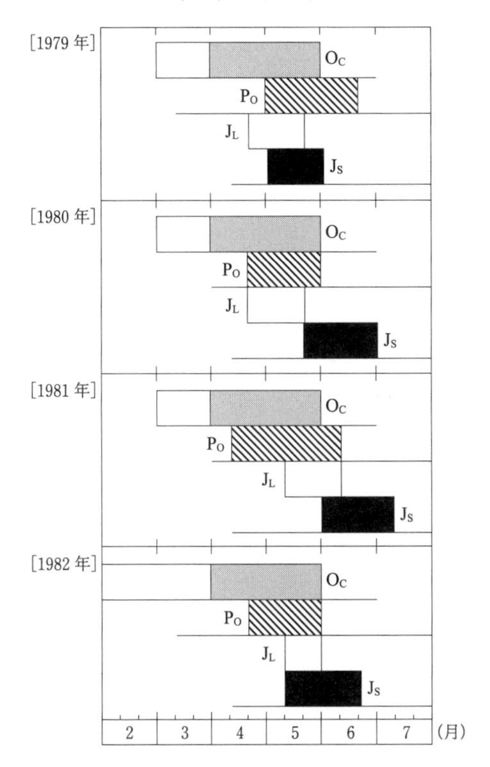

図5　1979～1982年春季，三陸沿岸における親潮接岸期(Oc)，親潮指標動物プランクトンの出現期(Pc)およびシロザケ幼魚の沖合移動時期(JL：100～140 mm-FL，JS：70～100)(帰山 1983)

の幼魚が出現しているが，それらは沖合へ移動できなかったと推測される。大型グループの体サイズは明らかに1980年代よりも小型であり，担鰭骨や各鰭条の化骨が不十分な後期幼魚期の発育段階であった。

図7に，2013年春季，岩手県を中心に三陸沿岸に分布するシロザケ幼魚の体サイズ頻度分布の時系列変化を示した。幼魚は5月中下旬に大型グループと小型グループの2個体群で沖合移動した。2013年は大型グループの体サイズがきわめて大きかった。宮城県の志津川(しずがわ)湾(歌津)では5月中旬にモードFL 140 mmの若魚が沖合移動している。釜石湾や山田湾でも5月中下旬

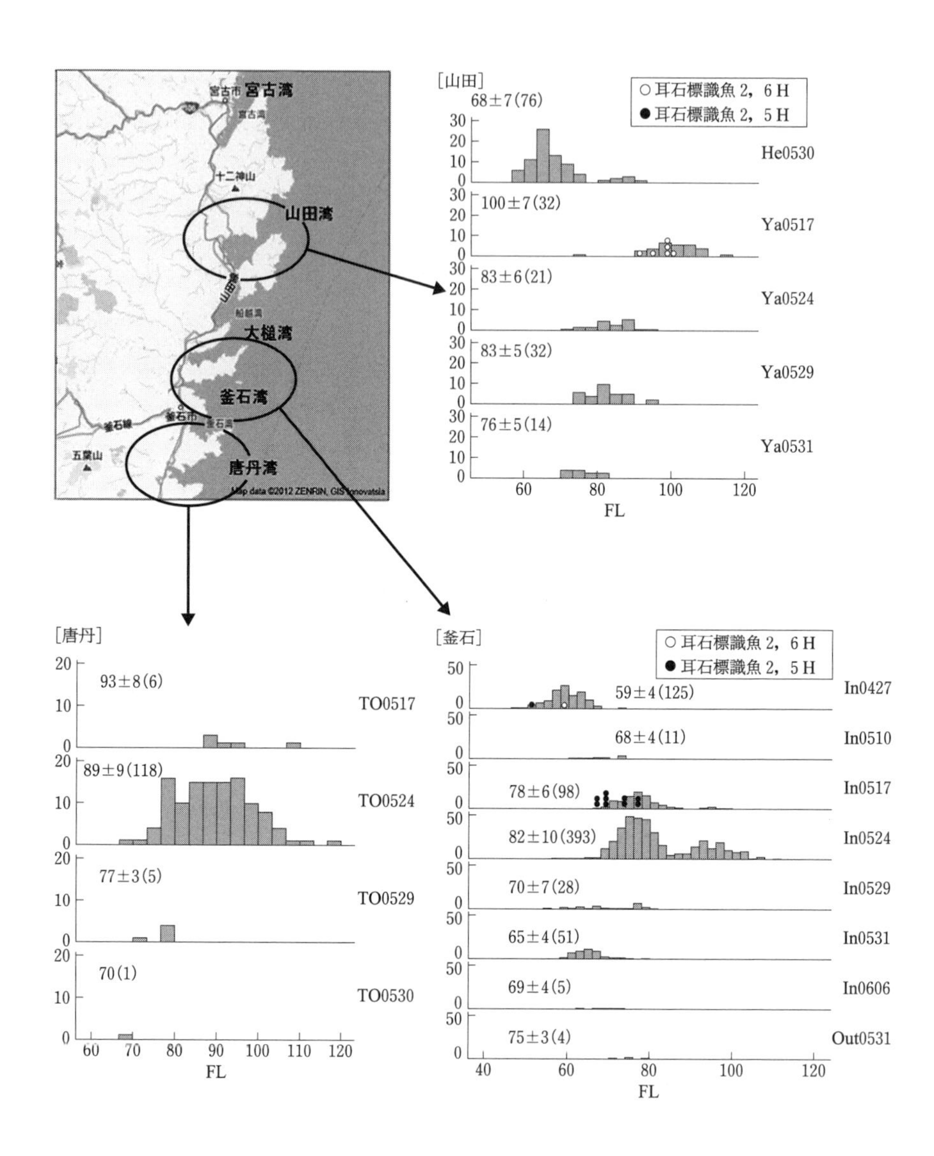

2012 春：小型，短期滞在

沖合移動時期：5 月中・下旬

移動サイズ：2 峰型
大型：100 mm-FL
小型：80 mm-FL

図 6 2012 年，三陸沿岸に分布するシロザケ幼魚の体サイズ頻度分布

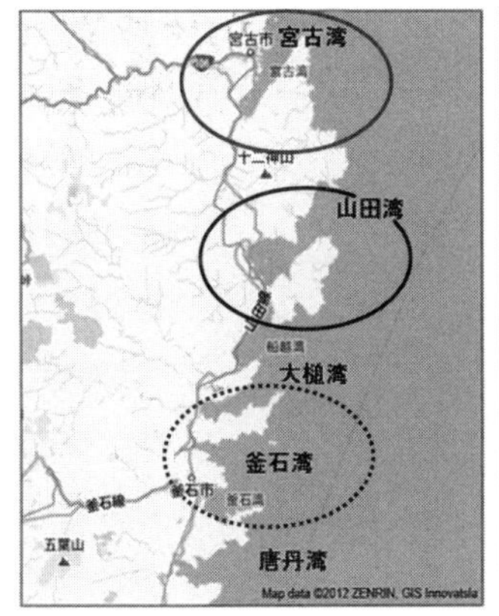

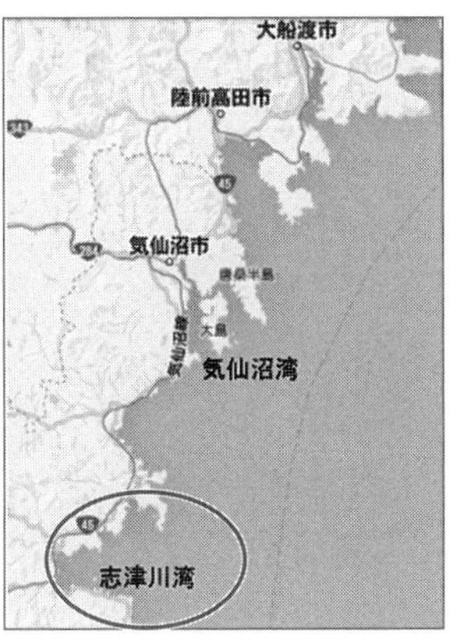

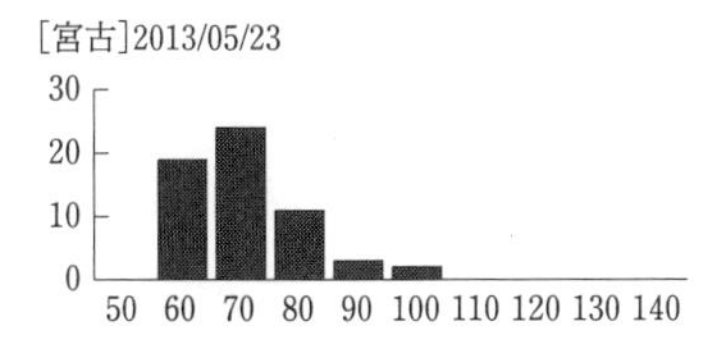

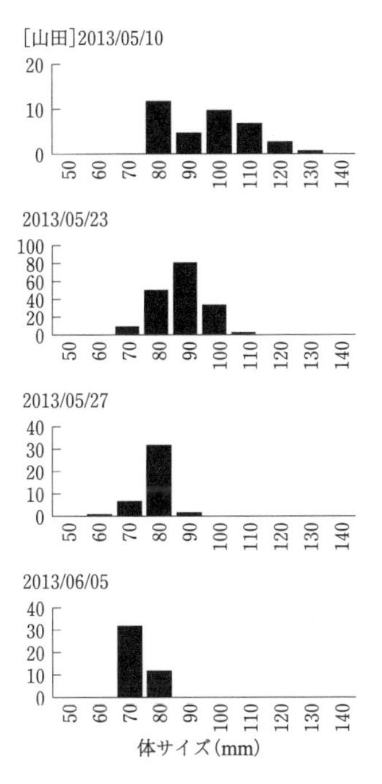

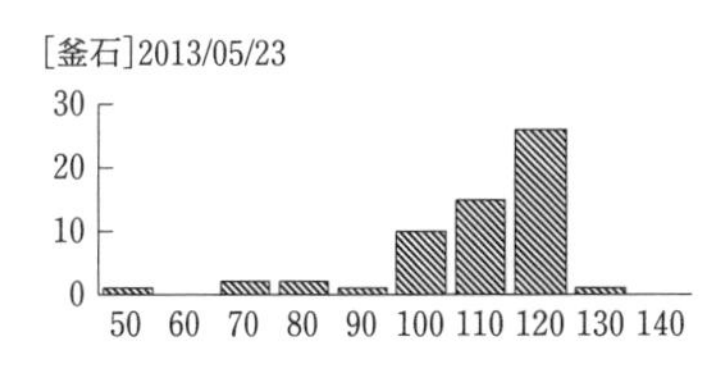

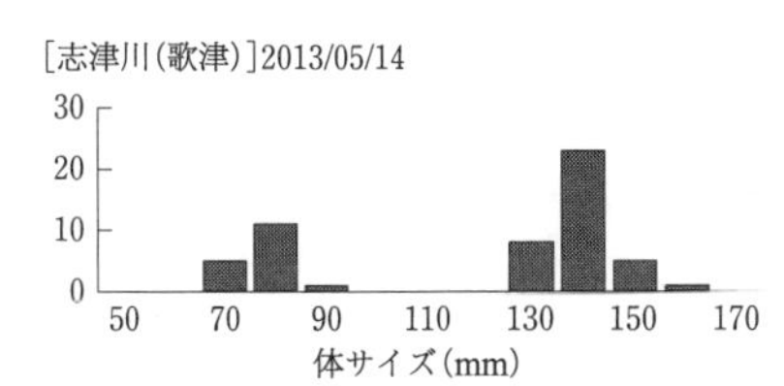

2013 春：大型，長期滞在

沖合移動時期：5 月中・下旬

移動サイズ：2 峰型
　大型：＞120 mm-FL
　小型：80 mm-FL

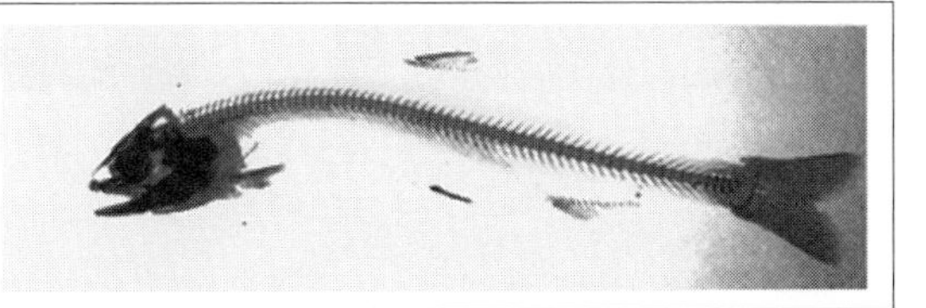

図 7　2013 年，三陸沿岸に分布するシロザケ幼魚の体サイズ頻度分布

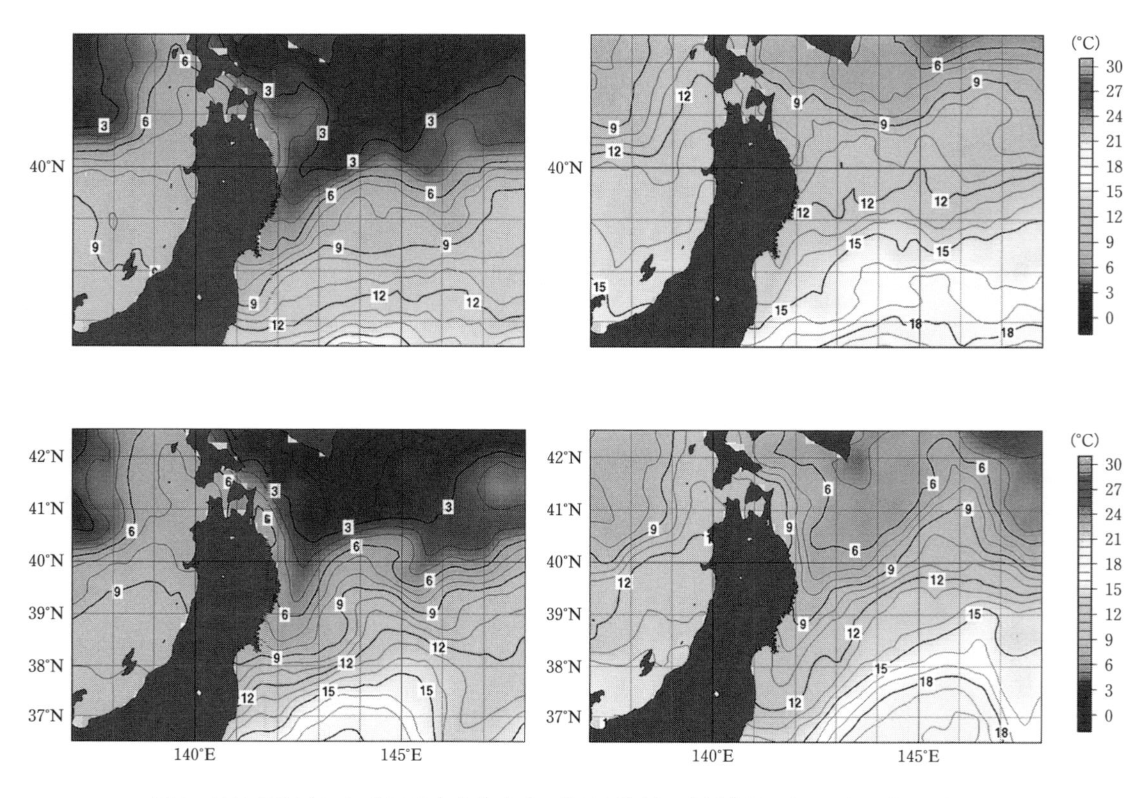

図 8　2012 年(上)および 2013 年(下)春季，北日本海域の表層水温。左：3 月，右：5 月
(気象庁 HP より http://www.data.kishou.go.jp/kaiyou/db/SP/monthly/sst_SP.html)

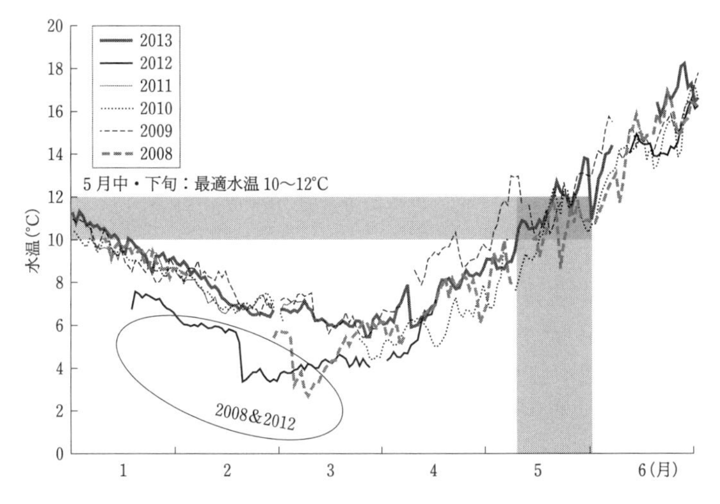

図 9　岩手県大槌湾における 2008〜2013 年春季の水温(水深 1 m 層)
(水温：東京大学大気海洋研究所大槌湾海洋観測データより)

に FL 120 mm 以上の幼魚が沖合に移動している。これらは，担鰭骨や各鰭条が化骨し，骨格の形成も完了しているものと考えられる。一方，小型グループは同時期に例年と同サイズ(モード FL 80 mm)で沖合に移動していた。

北日本周辺の表層水温(SST)を気象庁のデータ(http://www.data.kishou.go.jp/kaiyou/db/SP/monthly/sst_SP.html)で見ると，2012 年の春季は 2013 年に比べて親潮の影響が強く，親潮は比較的短期間滞在したことがうかがえる(図 8)。岩手県大槌(おおづち)湾の水深 1 m 層における春季の水温変化(東京大学大気海洋研究所大槌湾海洋観測データ)を見ると，親潮の影響が強い年(2008 年と 2012 年)の 1〜3 月の水温は例年より 2〜3℃低い傾向を示す(図 9)。この時期の低水温が降海直後のシロザケ幼稚魚の成長に影響を及ぼした可能性が高く，2012 年のシロザケ幼魚が小型サイズで沖合へ移動した要因につながったことが予想される。

5. 三陸沿岸域におけるシロザケ幼魚の安定同位体比

2012 年春季，釜石湾で採集されたシロザケ幼魚の炭素(δ^{13}C)・窒素(δ^{15}N)

の安定同位体比を大震災前の2009年に唐丹湾で採集された個体(伊藤 2010)と比較すると，δ^{15}Nには差がないものの，δ^{13}Cは明らかに震災後の方が3‰ほど高かった(図10)。このことは，シロザケの栄養段階(δ^{15}N)には震災前と差は見られないが，生態系の指標であるδ^{13}Cが著しく高くなったことから，津波により著しく攪乱された沿岸生態系が栄養塩の増加により炭素の高い濃縮がもたらされたことを示唆している。

釜石湾でシロザケ幼魚と同所的に採集された魚類のδ^{13}Cとδ^{15}Nを見ると，速度論的同位体効果が観察され(GLM: $F=0.046$，$P>0.999$)，アイナメ *Hexagrammos otakii*，タウエガジ科Stichaeidae，カジカ科Cottidaeなどはシロザケ幼魚と同じ栄養段階を示し，ボラ *Mugil cephalus*，サギフエ *Macroramphosus scolopax* などはシロザケより低い栄養段階にとどまった(図11)。ボラは炭素安定同位体比から見て，異なる生態系から移動してきた可能性が高い。それぞれの魚類の生活様式を考慮すると，アイナメがシロザケと同じ栄養段

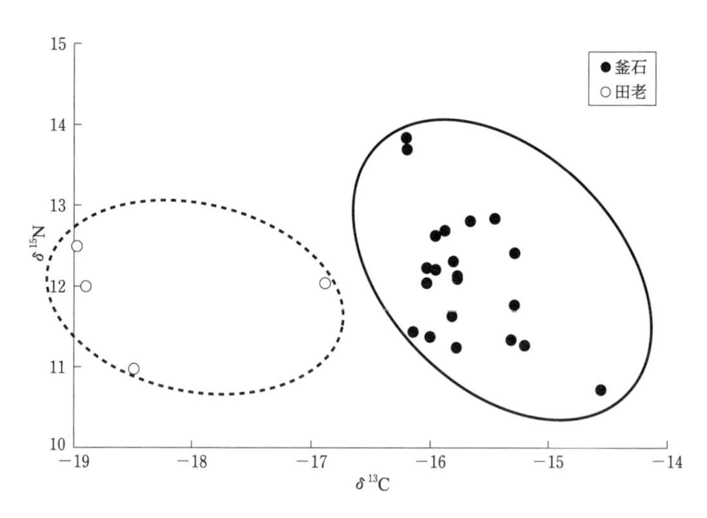

図10　釜石湾(2012年)と唐丹湾(2009年)において採集されたシロザケ幼魚の炭素(δ^{13}C)・窒素安定同位体比(δ^{15}N)。唐丹湾のデータ：伊藤(2010)

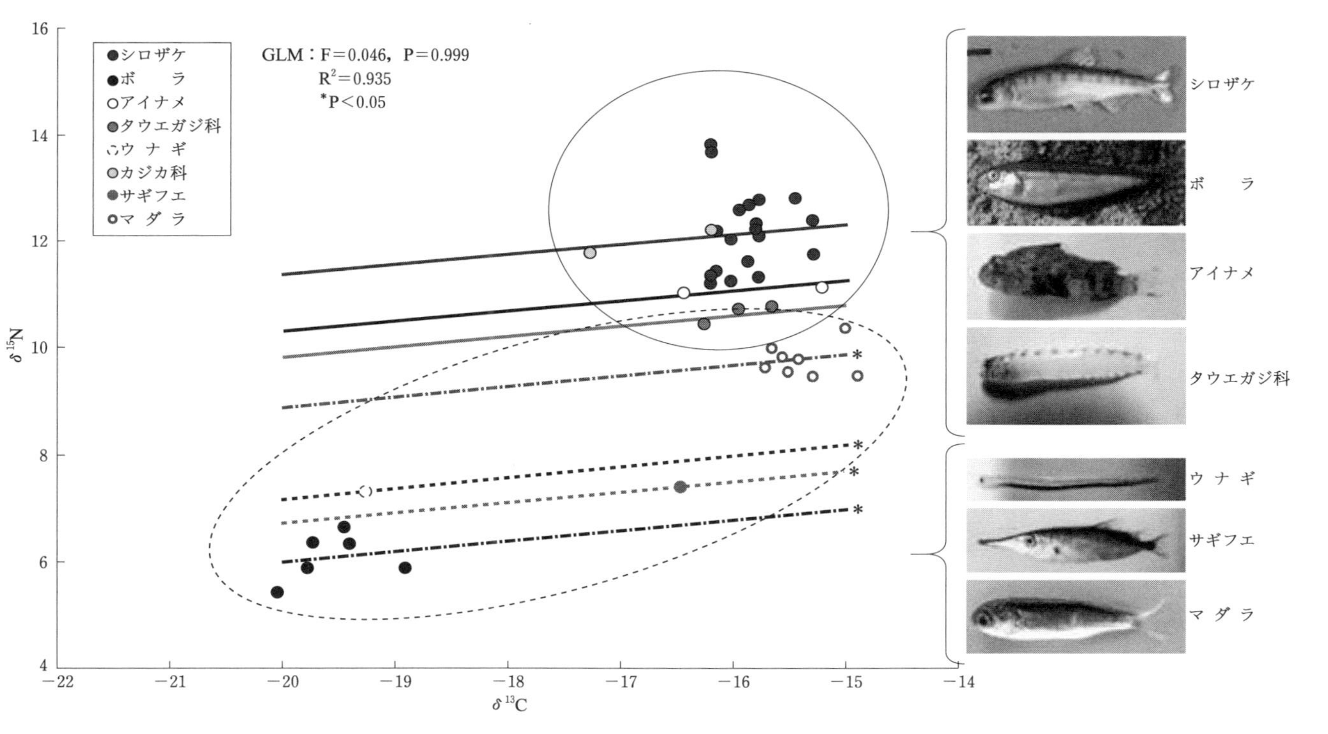

図 11　2012 年春季，釜石湾でシロザケ幼魚と同所的に採集された魚類の炭素(δ^{13}C)と窒素(δ^{15}N)安定同位体比

階に位置し，消費型競争種である可能性が高いことが示唆される。

今後の課題としては，まずこの大震災で三陸沿岸生態系が攪乱され，それがどのように回復していくのかモニターしていくことが基本となる。

サケ類をはじめ生物とそれらを構成する水圏生態系を持続的に保全するためには予防原則と順応的管理からなる生態系アプローチ型リスク管理の導入がきわめて重要である。すなわち，長期ビジョンが不明確なまま現状を追認し，将来を予測するフォキャスト手法でなく，現状を徹底的に分析し，それに基づき将来ビジョンと目標を定め，つねに現状をモニターしつつ目標に向かうバックキャスト手法が大切である(図12)。

わが国の河川は自然生態系からきわめて遠い人工的な生態系になってしまった。生態系の生物多様性を保全することは非常に重要な基本的課題である。人工的にふ化放流するシロザケが増える一方で，河川生態系の環境悪化で自然産卵する野生魚は著しく減少した(Kaeriyama & Edpalina 2004)。しか

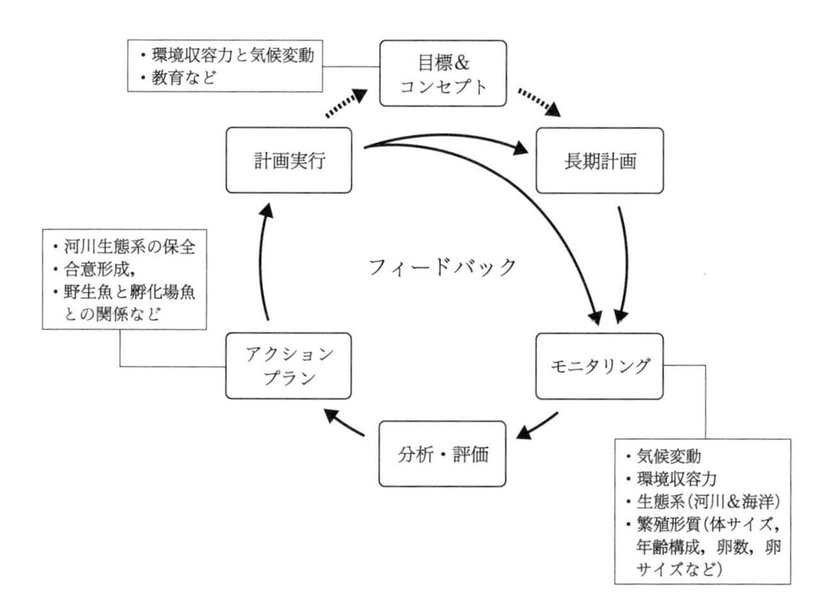

図12　サケ属魚類の順応的管理(Kaeriyama et al. 2012)

し個体数は少ないものの，現在，北海道では約60河川で野生魚が自然再生産している(Miyakoshi et al. 2012)。これらの野生魚は生活史を通して孵化場魚より生態的ニッチと栄養段階が高く，遺伝的多様性が高く，環境変化に対する適応力が高いことがわかっている(秦ほか 2013)。今後の温暖化の脅威に対処するためにも，自然選択に強く，環境変動への適応力の高い野性魚のリハビリテーションとレジリエンスをはかるべきである。そのためには，魚類が生息できる河川生態系の復元が基本となることはいうまでもない。

[引用・参考文献]

帰山雅秀. 1983. 宮城県におけるサケの放流時期に関する検討. 北海道から本州に移植したシロザケの回帰現象の変化に関する緊急調査研究報告書, 43-46. 東北区水産研究所.

帰山雅秀. 1986. サケ *Oncorhynchus keta* (Walboum)の初期生活に関する生態学的研究. 北海道さけ・ますふ化場研究報告, 40：31-92.

Kaeriyama, M. and Edpalina, R. R. 2004. Evalution of the biological interaction between wild and hatchery population for sustainable fisheries management of Pacific salmon. *In*: Leber, K. M., S. Kitada, H. L Blankenship and T. Svasand (eds). Stock enhancement and sea ranching.(2nd ed.), 247-259, lackwell Publishing, Oxford.

Kaeriyama, M., Seo, H., Kudo, H. and Nagata, M. 2012. Perspectives on wild and hatchery salmon interactions at sea, potential climate effects on Japanese chum salmon, and the need for sustainable salmon fishery management reform in Japan. Environ. Biol. Fish., 94: 165-177.

Kaeriyama, M, Seo H. and Qin, Y. 2014. Effect of global warming on the life history and population dynamics of Japanese chum salmon. Fish. Sci., 80: 251-260.

Kruse, G. H. 1998. Salmon run failures in 1997-1998: a link to anomalous ocean conditions? Alaska Fishery Research Bulletin, 5: 55-63.

Miyakoshi, Y., Urabe, H., Saneyoshi, H., Aoyama, T., Sakamoto, H., Ando, D., Kasugai, K., Mishima, Y., Takada, M. and Nagata, M. 2012. The occurrence and run timing of naturally spawning chum salmon populations in northern Japan. Env. Bio. Fish., 94: 197-206.

Peterson, W. T. and Schwing, F. B. 2003. A new climate regime in northeast Pacific ecosystem. Geophys. Res. Lett., 30: 1896, doi: 10.1029/2003GL017528.

秦玉雪・永井愛梨・工藤秀明・帰山雅秀. 2013. 遊楽部川のサケ *Oncorhynchus keta* における野生魚と孵化場魚の安定同位体比について. 日本水産学会誌, 79：872-874.

Stabeno, P. J., Bond, N. A., Kachel, N. B., Salo, S. A. and Schumacher, J. D. 2001. On the temporal variability of the physical environment over the south-eastern Bering Sea. Fisheries Oceanography, 10: 81-98.

第7章 回帰サケ類の遺伝学的分析

塚越英晴・阿部周一

わが国に分布する遡河回遊性のサケ亜科魚類のうち，サケ(シロザケ) *Oncorhynchus keta* は，北海道や東北地方を中心に古くから利用されてきた水産重要種の1つである。わが国のシロザケは，過去100年以上にわたるふ化放流事業によってその資源が高度に維持されてきた。しかし，近年，ふ化放流事業による大量の種苗放流が野生のシロザケに及ぼす負の影響(例えば，Hilborn 1992)や，異なる地域(河川)からの種卵移入が在来シロザケの遺伝的多様性を攪乱する(例えば，Kaeriyama et al. 2012)など，生態系への影響が懸念されている。遺伝的多様性とは，種内の地域個体群や種間における遺伝的変異性や固有遺伝子の保有といった遺伝情報の差異や豊富さを示し，生態系多様性，種多様性ともに生物多様性を構成する要素の1つである。遺伝的多様性が減少することにより，環境変化や病気への抵抗性の低下，繁殖適応度の低下といった負の影響を及ぼすことが一般的にいわれている(Frankham et al. 2010)。実際にふ化場由来の魚の移植が，在来集団の遺伝的な固有性を喪失させたり，野生集団の適応度に負の影響を及ぼすことが指摘されている(例えば，Araki et al. 2007)。食料資源の供給を保証していくためには持続可能な生物資源の維持が必要不可欠であり，遺伝的多様性を含む生物多様性を持続的に保護していく増殖方法(サケ類ではふ化放流事業)や資源の管理体制が必要とされる。そのためには，三陸岩手を含む日本系シロザケ，もしくは北太平洋全体のシロザケがどのような遺伝特性(遺伝的集団構造や遺伝的多様性など)をもち，それらがどのように維持されてきたのか，さらに，現在のふ化放流を含む増殖事業が野生あるいは河川在来サケの遺伝特性に与える影響について把握することが重要である。

これらの重要性から，わが国のシロザケやサクラマス *O. masou* などのサケ類について，北海道を中心とした集団遺伝学的研究がこれまで進められてきた(シロザケでは木島・藤野 1979；Sato et al. 2001；2004；Seeb et al. 2011 など。サクラマスでは Kitanishi et al. 2007；2009；鈴木ほか 2000；Yu et al. 2010 など)。近年では，河川に回帰したシロザケだけでなく沖合のシロザケについてもさまざまな解析が行われ少しずつその生態が明らかにされつつある(例えば，Moriya et al. 2009)。しかし，シロザケやサクラマスについて本州でも有数の漁獲量をほこる岩手県など三陸沿岸に回帰するサケ類については，詳細に分析した集団遺伝学的研究はまだ少なく，その遺伝特性など実態がよくわかっていない現状にある。

本章では，これまでに行われてきたシロザケとサクラマスについて遺伝的集団構造と遺伝的多様性に関する研究を概観すると共に，現在，筆者らが進めている三陸岩手のシロザケとサクラマスを対象とした遺伝分析の結果の一部を紹介する。なお，シロザケの遺伝特性に関する先行研究については，詳しくまとめられている文献が多数あるため，それらを参照されたい(例えば，阿部・佐藤 2009 や佐藤 2013 など)。

1．シロザケの遺伝特性

ミトコンドリア DNA から見たシロザケの遺伝的集団構造

環太平洋のシロザケの分布域を網羅した，日本 17 集団，韓国 1 集団，ロシア 30 集団，北米 48 集団(北西アラスカ，アラスカ半島，南東アラスカ，ブリティッシュコロンビア，ワシントン)の合計 96 集団約 4,200 個体のサンプルを用いて，ミトコンドリア(mt)DNA のなかでも変異が多いとされ，多くの集団構造解析に使用されている調節領域の前半部分(481 塩基対)を対象に解析した結果が報告されている(Sato et al. 2004；Yoon et al. 2008)。

これらの研究からあわせて32種類のハプロタイプ(遺伝子型)が認められ，それらは系統関係推定のためのネットワークからA，B，Cの3つのグループ(クレード)にまとまることがわかった。日本，韓国および沿海州など極東アジアの集団ではA，B，Cのすべてのグループに属するハプロタイプが分布しており，A>C>Bの順でその出現頻度が高かったが，沿海州を除くロシアの集団ではB，Cグループのハプロタイプが中心でBグループのハプロタイプが優占すること，また，北米集団では99%以上がBグループのハプロタイプで構成されていた(Yoon et al. 2008)。出現するハプロタイプの種類数から見ても日本地域が最も多く，ロシア，北米の順で少なくなる傾向が見られ，遺伝的多様性の尺度となるハプロタイプ多様度も同様の傾向を示した(Sato et al. 2004)。論文著者らは，シロザケの分布域形成における起源地の推定のほか，極東アジア集団が歴史的に古いために，その遺伝的多様性も高いのではないかと推論している。

上記のmtDNAハプロタイプデータから，日本，ロシア，北米のシロザケ集団間の強い遺伝的分化のほか，各地域内では日本が3グループ(北海道，本州太平洋岸と日本海岸)，ロシアが5グループ，北米が6グループの地方集団に分化していることが示唆されている(Sato et al. 2004；Yoon et al. 2008)。

なお，同じmtDNA調節領域の分析から，最近，石川県能登半島の2河川のシロザケから新しいB系のハプロタイプが1種類見出された(坂井ほか 2011)。このことは，従来分析の対象にされていなかった石川県以西の日本海岸の河川や宮城県以南の太平洋岸の河川から新規のハプロタイプが見つかる可能性を示している。

マイクロサテライトおよびほかのDNAマーカーから見たシロザケの遺伝的集団構造

マイクロサテライト(ms)DNAマーカー14座を用い，日本26集団，韓国1集団，ロシア34集団，カナダ185集団，北米135集団の計381集団について解析した結果，近隣結合法に基づく系統樹の推定から，日本集団とロシア，北米集団は明確に分化していることが示され(Beacham et al. 2009)，mtDNAによる結果(Sato et al. 2004；Yoon et al. 2008)と同様の傾向を示した。日本系サケについて見てみると，解析に供された26集団(北海道16集団，本州太平洋側5集団，本州日本海側5集団)は，7つの地域グループ(本州太平洋岸と日本海岸，北海道内の太平洋東部，太平洋西部，日本海，オホーツク海，根室海峡)に分化していることが示唆されている(図1)：(Beacham et al. 2008)。これは，母系遺伝のmtDNA解析に比べ，両性遺伝するmsDNAを用いたことと集団数やマーカー座数が増えたことなどにより分析精度が上がったためと考えられる。

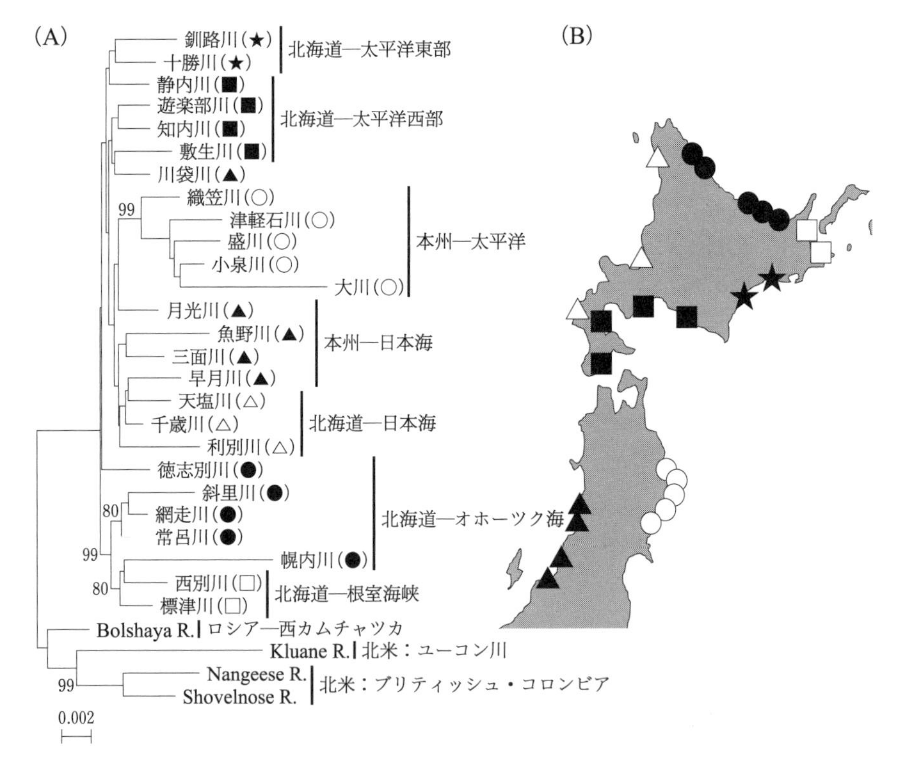

図1　マイクロサテライトDNAマーカー14座から推定されたシロザケの遺伝的類縁関係(A)と採集地点(B)(Beacham et al. 2008を改変)。系統樹の枝の数字はブーツストラップ確率を示す。

また，msDNAから推定された遺伝的多様性について見てみると，mtDNAから見た集団構造(Sato et al. 2004)と同様に，日本集団はロシア，北米集団と比べ高いことが示されている(Beacham et al. 2008)。このことについて，論文著者らは日本集団の塩基配列の変異速度が他地域の集団より早い，もしくは，日本集団はほかの地域と比べより古い集団であることによると説明している。

また，60座の1塩基多型(single nucleotide polymorphisms，SNPs)を用いて，日本/韓国，ロシア，北米の計114集団のシロザケについて分析した結果(Seeb et al. 2011)からも，前述のmtDNAやmsDNA分析による集団構造をおおむね支持する結果が得られている。ただ，遺伝的多様性についてはmtDNAやmsDNA分析と異なり，ロシア系や北米系のシロザケに比べ日本系サケで低い傾向が報告されており，用いたSNPマーカーの特性によるものか今のところ不明である。

三陸岩手におけるシロザケの遺伝特性の解明へ向けて

現在，筆者らは三陸岩手のシロザケを対象に，mtDNAおよびmsDNAの両遺伝マーカーを用いて遺伝分析を行っている。ここでは，そのうちのmtDNA分析の結果について，未発表であるが予備的に紹介する。

岩手県沿岸の安家(あっか)川，津軽石川，気仙川の遡上魚，および県内陸の北上川水系の簗川，砂鉄川，稗貫川の遡上魚または放流種苗からヒレ標本を採集し，解析サンプルとした(図2および表1)。時期の異なる遡上が認められる沿岸河川においては，前期群と後期群の標本を採集した。ちなみに，北上川水系のシロザケは基本的に前期群で構成されていることから，前期群のみ採集した。集めた河川遡上魚396個体の標本を用いて，mtDNAの調節領域の前半部分479〜481 bpの塩基配列を解読し，9種類のハプロタイプが得られた(表1)。これらのハプロタイプを，先行研究(Sato et al. 2004；Yoon et al. 2008)と比較した結果，検出されたハプロタイプはすべて先行研究のものと一致した。

得られたmtDNAハプロタイプの地理的分布について図3に示す。三陸岩手のどの集団からも，A1とC1というハプロタイプが多く見られ，この傾向は，先行研究(Sato et al. 2004)のほかの日本系サケの河川集団と一致した。

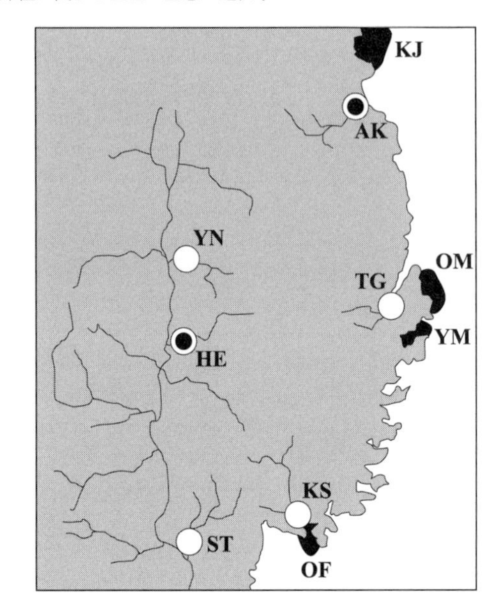

図 2　三陸岩手におけるシロザケおよびサクラマスの採集地点。
各地点のアルファベットは表 1 および表 2 に対応。

表 1　各河川におけるシロザケの採集日と解析個体数(n)，検出された mtDNA ハプロタイプ，およびハプロタイプ多様度(h)

採集河川	採集日 (年/月/日)	n	mtDNA ハプロタイプ									h
			A1	A2	A3	A6	A8	B3	C1	C3	C5	
安家川(AK)	2012/9/14	47	29		1		1	3	13			0.5495±0.0615
	2012/11/5	46	25	1		2		3	15			0.6048±0.0518
	2013/1/11	35	20			2			13			0.5479±0.0505
津軽石川(TG)	2012/9/3-13	22	8		1	1	2	4	5		1	0.8052±0.0555
	2012/11/28	42	28					1	13			0.4704±0.0583
気仙川(KS)	2012/10/15	48	29			1		6	11		1	0.5780±0.0631
	2012/12/20	40	26					1	12		1	0.4987±0.0632
北上川水系												
簗川(YN)	2012/10/17	43	32						7	1	3	0.4241±0.0835
砂鉄川(ST)	種苗	34	23					2	9			0.4831±0.0756
稗貫川(HE)	種苗	39	15						16		8	0.6586±0.0305

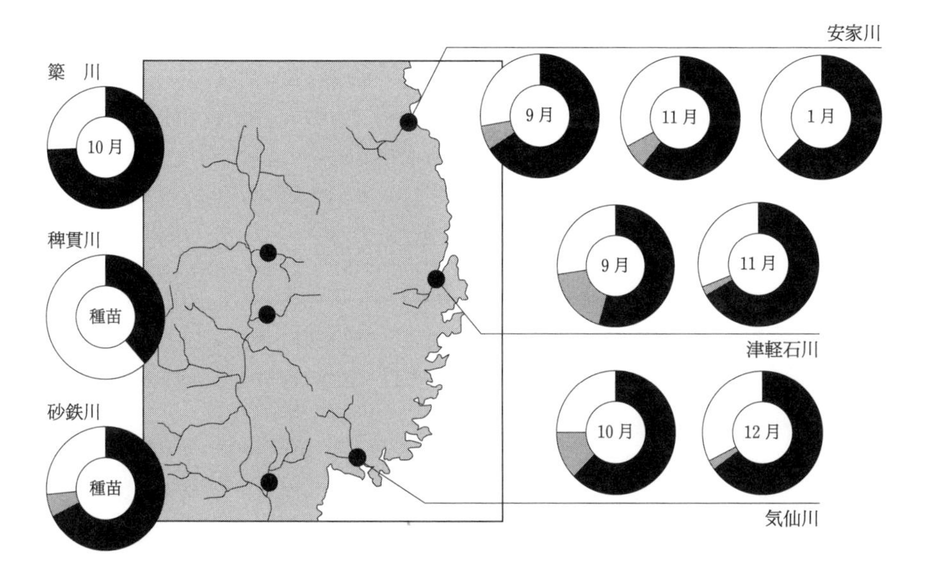

図3　三陸岩手におけるシロザケのミトコンドリアDNA調節領域前半部分に基づくハプロタイプの地理的分布。パイグラフ中の色は遺伝グループを示す。黒：Aグループ，灰：Bグループ，白：Cグループ

それ以外のハプロタイプもAもしくはCグループに属するハプロタイプがほとんどであり，Bグループに属するハプロタイプは少なかった。検出されたハプロタイプの種類について岩手県内の河川間で比較してみると，沿岸河川ではAグループに属するハプロタイプが多く検出されているのに対し，北上川水系ではCグループに属するハプロタイプが多く見られている。また，Bグループに属するハプロタイプについて見てみると，沿岸河川を中心に検出され，北上川水系ではほとんど観察されていない。ハプロタイプの出現頻度について先行研究(Sato et al. 2004)と比較してみても，A6というハプロタイプは北海道のシロザケなどで観察されているものの，そのほとんどが本州太平洋岸の河川であり，本研究で解析したほとんどの沿岸河川集団からも検出されている。また，北上川水系を中心に三陸岩手の河川で検出されたC5というハプロタイプは先行研究では北海道の1河川以外には検出されて

いない。これらのことから，A 6 や C 5 といったハプロタイプは，三陸地域で多く見られる特徴的なハプロタイプといえるかもしれない。

次に，三陸岩手のシロザケの遺伝的多様性について，ハプロタイプ多様度から見てみることにする。ハプロタイプ多様度は 0〜1 までの値で示され，0 に近いほど多様性が低い事を意味し，1 に近いほど多様性が高いことを意味する。北海道のシロザケのハプロタイプ多様度は 0.57±0.06〜0.75±0.04 であり，ほとんどの河川は 0.60 を超えた値を示す(Sato et al. 2004)。三陸岩手のシロザケについて見てみると，津軽石川の 9 月遡上集団や稗貫川では高い値を示しているものの，それ以外の河川では安家川の 11 月遡上群のほかは 0.6 を下回り，0.5 以下の値を示す河川も少なくない(表 1)。また，先行研究からロシアや北米地域のハプロタイプ多様度について見てみると，ロシア地域の河川集団では 0.04〜0.79 であり，北米地域では 0.00〜0.53 であった(Yoon et al. 2008)。これらのことから，三陸岩手のシロザケの河川集団のハプロタイプ多様度は，北海道の河川集団のものと比較すると低い傾向にあるが，国外の河川集団と比べると高い傾向にある。この mtDNA で検出された三陸岩手のシロザケの遺伝的多様性が，三陸岩手のシロザケが有する本来の多様性であるのか，過去に行われた異なる地域からの種卵移入といった放流事業にともなった人為的影響によるものなのか，もしくは三陸岩手のシロザケ資源の減少に関係があるのかなど理由は種々にあげられる。今後，この点について，msDNA マーカーなど異なる遺伝マーカーを用いた解析と評価を行うとともに，継続したモニタリングにより明らかにされることが期待される。

2．サクラマスの遺伝特性

DNA マーカーによるサクラマスの集団構造

極東地域にのみ分布するサクラマスの遺伝的集団構造や遺伝的多様性について，mtDNA および msDNA の両遺伝マーカーを用いた解析から推定されている。北海道 7 集団，本州 2 集団，沿海州 1 集団，カムチャツカ 1 集団,サハリン5集団，韓国2集団の計18集団895個体を解析に使用した先行研究(Yu et al. 2010)では，mtDNA解析はND5遺伝子領域の前半部分561塩基対，msDNA解析では6座がそれぞれ用いられた。mtDNA分析により，計21種類のハプロタイプが見つかり，H1ハプロタイプがどの地点でも高頻度に見られたことから，これがサクラマスで主要なハプロタイプと考えられた。ハプロタイプの系統関係を示すネットワークから，H1を中心にほとんどのハプロタイプが派生するという星状ネットワークが示され，派生したハプロタイプが河川集団によって異なるという傾向が見られた。遺伝的多様性について見てみると，mtDNAから推定された多様度は日本や韓国集団で高く，ロシアで低い傾向にあった。対して，msDNAマーカー6座に基づくヘテロ接合度を遺伝的多様性の指標に用いた場合，mtDNAの結果とは異なり，日本，韓国，ロシア集団間で違いは見られなかった。このmtDNAとmsDNA両マーカーによる遺伝的多様性の不一致については明確な結論はないものの，ロシアや日本ではサクラマスのふ化放流事業が進められていることによる影響，また，マーカー間の遺伝様式の違いや異なる進化パターンによるのではないかと論文著者らは推論している(Yu et al. 2010)。

mtDNAおよびmsDNAの両遺伝マーカーにより推定された本種の遺伝的集団構造について，日本海沿岸集団とオホーツク海沿岸集団，太平洋沿岸集団の3つの大きなグループがあり，日本系サクラマスには日本海グループとオホーツク海グループ，太平洋グループがあること，また弱いながら日本，韓国，ロシア間でも遺伝的分化があることなどが示されている(Yu et al. 2010)。これらの集団構造の形成については，ミスマッチ分析や中立性の検定(TajimaのDやFuのFs)の結果と星状のハプロタイプネットワークにより本種の集団の急速な拡大が推定されたことから，後期更新世の氷河期におけるボトルネックによる集団の縮小と間氷期における集団の拡大の両方の影響を受けた結果であろうと論文著者らは推論している(Yu et al. 2010)。

また，北海道厚田川のサクラマスについて，msDNAマーカー8座を用いた解析によって，同一水系内の支流間における遺伝的分化が示唆されている(Kitanishi et al. 2009)。この結果は，北海道尻別川水系内でのサクラマス標識魚の遡上調査からも支持されている(宮腰ほか 2012)ことから，サクラマスのふ化放流事業を進める場合，河川という単位だけでなく，河川内の支流間という単位についても考慮する必要があるかもしれない。

三陸岩手のサクラマスの遺伝特性解明へ向けて

筆者らはシロザケと同様に，三陸岩手のサクラマスを対象として，mtDNAおよびmsDNAの両遺伝マーカーを用いた分析も進めている。ここでは，mtDNAから見た三陸岩手サクラマスの遺伝的な特徴について紹介する(未発表データ)。本研究では，先行研究(Kitanishi et al. 2007；Yu et al. 2010)で用いられたmtDNA ND5遺伝子領域を遺伝マーカーとして解析を行った。河川遡上魚からのサンプルは，岩手県沿岸の安家川，および県内陸の北上川水系の稗貫川において捕獲されたサクラマスのヒレ標本を用いた(図2，表2)。加えて，三陸沿岸の水産資源として貢献している魚市場へ水揚げされたサクラマスのサンプルとして，久慈沿岸，重茂沿岸，広田湾の定置網で捕獲された個体，および市販の山田湾産の幼魚からヒレ標本を採集した。これらのサクラマス計152個体について，ND5領域の前半部分361塩基対の配列を解読した結果，9種類のハプロタイプが得られた(表2)。これらのハプロタイプを，先行研究(Kitanishi et al. 2007；Yu et al. 2010)と比較した。その結果，検出されたハプロタイプのうち7種類は既報のものと一致したが，うち2種

表2　各河川におけるサクラマスの採集日と解析個体数(n)，検出されたmtDNAハプロタイプ，およびハプロタイプ多様度(h)

採集河川	採集日(年/月/日)	n	mtDNAハプロタイプ								h
			H1	H3	H4	H10	H11	H12	H24	H25	
安家川(AK)	2012春遡上	22	7	3	1		4		7		0.7792±0.0459
	2012秋遡上	13	7	2	1		1		2		0.7051±0.1220
稗貫川(HE)	2013/9-10	13	13								0.0000±0.0000
山田湾(YM)	2013/5/22	23	12	3	2			4		2	0.6957±0.0856
久慈沿岸(KJ)*	2013/6/6-13	25	22	1	1	1					0.2300±0.1095
重茂沿岸(OM)*	2013/5/31	34	23	6	4	1					0.5116±0.0875
広田湾(OF)*	2013/5/23	22	16		3	1		2			0.4632±0.1199

*定置網によって捕獲されたサンプル

類は新規のものであり，今のところ三陸岩手固有のハプロタイプであると考えている。特に，H 24 は安家川固有であり，かつ高い頻度で検出されていることから，三陸岩手の特徴，あるいは安家川の特徴を反映しているハプロタイプであるかもしれない。加えて，山田湾で捕獲された幼魚も同様にわずかながらも H 25 という本湾に固有のハプロタイプが認められた。山田湾に流入している河川は，北から大沢川，関口川，織笠川の 3 河川であることから，おそらくいずれかの河川に由来する個体であると考えられ，もしかするとこの地域を特徴づけるハプロタイプなのかもしれない。このような地域固有のハプロタイプの存在は，三陸岩手のサクラマス集団が他地域の集団と交流せずに繁殖を繰り返してきた可能性を示しており，単一の有効な繁殖集団として認識すべきことを示唆している。さらには，固有なハプロタイプが県内の河川間でも異なることから，岩手のなかでも地域集団が認められる可能性を示しているのかもしれない。

次に遺伝的多様性について見てみると，岩手県でもサクラマスの遡上が多いと考えられる安家川では，春，秋遡上群共に高い遺伝的多様性が検出された。特に春遡上サンプルから得られたハプロタイプ多様度は，先行研究で得られている他集団の多様度よりも高い値を示した(表 2)。現在，岩手県で積極的にサクラマスのふ化放流事業を行っているのは安家川のみである。遺伝的多様性から見た場合，安家川のふ化放流事業は高い遺伝的多様性を維持しながら事業が進められていると評価できるだろう。

北上川水系の稗貫川集団では，解析個体数が充分でないものの，1 種類のハプロタイプしか検出されず，ハプロタイプ多様度がきわめて低かった。ほかの三陸岩手の集団と比較しても，多様性が低いのは顕著である。母支流回帰性が強いためほかの支流との交流が制限されていることも考えられるため，ほかの支流のサクラマスの多様性も確認する必要がある。このような遺伝的多様性の低下が北上川水系全体に起きていれば，将来的に水系全体のサクラマスの資源量減少に結びつくおそれが出てくる。

本結果は予備的なものであり，三陸岩手のサクラマスの遺伝特性の解明には至っていない。しかし，今後解析地点を増やして行くことによって，三陸岩手のサクラマスの遺伝特性が明らかになるものと確信している。そして，遺伝特性を遡上前の沿岸集団と河川遡上集団の間で比べることで，どの河川のサクラマスが回帰サクラマス資源に貢献しているか明らかになるものと考える。

3．三陸岩手のサケ類の資源増殖と保存へ向けて——遺伝学的見地から

本節では，これまで行われてきた既報の集団遺伝学的研究と，現在我々が進めている研究について予備的に紹介した。これまでの研究から，シロザケおよびサクラマスは海と川を行き来する遡河性魚類であるが，分布域全域にわたり均一な遺伝的集団構造をもつのではなく，大きないくつかの遺伝グループや，その遺伝グループ内にもさらに細分化された地方集団が存在していることが明らかとなっている。もし母川以外への迷い込みがある程度の頻度で生じている場合，それが遺伝的交流を生むことによって河川間の遺伝的な分化を妨げることになり，結果として地域集団は形成されないと考えられる。このことから，シロザケやサクラマスは母川回帰能によって生まれた川に戻っており，もし迷い込みが生じたとしてもごく少数であり，また迷い込む河川も地理的に離れた河川ではなく，近隣河川などであると予想される。その母川回帰能という生物特性によって，シロザケやサクラマスの遺伝的集団構造は，長い年月をかけて地理的に離れた集団間で分化が促された結果，現在の構造ができあがったと推測できる。しかしながら，人間活動による河川環境破壊や種卵移入などを安易に行うことによって，長い年月をかけてつくられた集団構造が，簡単に壊されてしまう可能性がある。

三陸岩手の一部の河川では，東日本大震災の影響により，やむを得ずシロザケ発眼卵を北海道から移植した経緯がある（小川・清水 2012）。さらには，岩手県水産技術センターが行った2013年度の回帰シロザケの調査結果（岩手県水産技術センター漁業資源部 2014）から，降海が震災年にあたる年級（以下，震災年級）の回帰の減少が予想されているため，震災年級群の4歳魚の回帰が主とされる2014年秋のシロザケ資源について，各ふ化場で種卵確保が難航す

るためふ化場間の種卵のやり取りが行われることになるかもしれない。サケ類のように水産事業者の大きな収入源となる資源の場合，生物の都合だけでなく事業の成否を考慮することも重要となるが，生物資源の維持，増殖，そして管理していくためには種が有する本来の遺伝特性を考慮する必要がある。そのためには，三陸岩手のシロザケの遺伝特性を把握するだけでなく，東日本大震災にともなう種卵移入が三陸のシロザケ資源にどのように影響したのか，ふ化放流事業がシロザケの遺伝的多様性に与える影響なども早急に明らかにしていく必要がある。ほかに，採卵に用いた親魚集団とそれからつくられた種苗集団の多様性の比較からふ化場の種苗生産方法を集団遺伝学的視点から評価することや，三陸岩手の資源へ貢献している系群の有無について明らかにされることが遺伝分析に期待される。もし貢献している系群が実際に存在するのであれば，三陸岩手の遺伝特性を考慮したうえで，そのような系群を基に資源増殖を効率的に行えるかもしれない。上述したような遺伝特性や人間の活動による影響を踏まえて，現在の三陸岩手のシロザケ資源を将来へどのようにつなげていくべきか協議し，増殖方法の改善や新しい管理指針の樹立を行うべきである。

加えて，今まで研究対象として注目されてこなかった北上川水系のシロザケについてももっと注目するべきではないだろうか。現在，県内の北上川水系には13のふ化場が存在するが，どのふ化場も県沿岸のふ化場と比較すると小規模であり，2001〜2008年度までの間における全ふ化場あわせた採卵数の平均は約340万粒である(水産総合研究センター)。北上川水系のシロザケの回帰に関する調査はあまり行われていないことから正確な資源量はわからないが，宮城県の北上川河口だけでも毎年7.5万尾が採卵事業のために採捕されていることから(水産総合研究センター)，水産資源としてみるには十分の個体数があると予想される。もし，岩手県沿岸を通り北上川に遡上するシロザケを増やすことができれば，岩手県沿岸の定置網で捕獲される資源も増えることが期待される。msDNAマーカーによる系統解析から，北上川水系のシロザケは1つのまとまりをもち，岩手県沿岸のシロザケとは遺伝的に異なること(未発表)が明らかになってきており，県沿岸とは異なる系群が示唆されている。北上川水系のシロザケについて，今後，地域間の差異をより鋭敏にとらえることができれば，岩手県沿岸の資源に北上川水系由来の個体がどのくらい貢献しているかわかるかもしれない。さらに，県内の北上川水系のふ化場はすべて内陸に位置することから，沿岸ふ化場のように津波によって種苗が流されたというような震災による大きな影響は受けていないと推察される。このような点から見ても，北上川水系のシロザケは震災のダメージがほとんどない三陸岩手の震災年級資源として大変貴重なものと考える。本県のシロザケ資源を増殖していくだけでなく，回帰が少ないと予想されている震災年級群(岩手県水産技術センター漁業資源部 2014)の資源を確保していくうえでも，北上川水系のシロザケ資源を有効に使う手だてを考えるべきである。

三陸岩手で沿岸を中心に捕獲されるサクラマスについても，放流事業が進めばより大きな資源としての可能性をもつことが期待される。岩手県主要5魚市場(久慈，宮古，山田，釜石，大船渡)のサクラマス漁獲量は20〜70トンの間で変動しており(大友ほか 2006)，シロザケの漁獲量と比較してもその量は決して多くないが，三陸岩手の重要な水産資源である。三陸の水産業を活性化させるためにも，サクラマス資源の積極的な造成を促していく必要がある。三陸岩手のサクラマスについて資源造成技術研究は多く行われてきたが(例えば，大友ほか 2006)，河川に遡上するサクラマスについて遺伝的にも生態的にもあまりよくわかっていない現状にある。遺伝子から見た場合，サクラマスは河川間だけでなく河川内の支流間でも遺伝的に分化していることが示唆されている(Kitanishi et al. 2009)ため，河川間だけでなく支流ごとの資源量と遺伝特性の調査が必要とされる。現在，岩手県内水面水産技術センターではサクラマス資源の増大へ向けたプロジェクトが再び進められている。こうしたプロジェクトで確立された資源増殖方法と遺伝的集団構造や多様性といった遺伝情報をリンクさせることで，適切でかつ持続的な管理体制のうえで効率的な資源増殖が行われれば幸いである。

本州で最もサケ類が漁獲されている地域であるにもかかわらず，三陸岩手のシロザケはその遺伝的な実態についてあまりよくわかっていない。しかし，我々の研究も含め，徐々にではあるがその実態が明らかになりつつある。それらの研究成果を踏まえて，三陸岩手のサケ類資源の増殖や管理体制が見直され，将来，三陸岩手にサケ類の豊漁期が訪れることを願う。

[引用・参考文献]

阿部周一・佐藤俊平. 2009. サケ類のゲノム生物学と資源の遺伝的管理.「サケ学入門」(阿部周一編著), pp. 101-117, 北海道大学出版会.

Araki, H., Cooper, B. and Blouin, M. S. 2007. Genetic effects of captive breeding cause a rapid, cumulative fitness decline in the wild. Science, 318: 100-103.

Beacham, T. D., Candy, J. R., Le, K. D. and Wetklo, M. 2009. Population structure of chum salmon (*Oncorhynchus keta*) across the Pacific Rim, determined from microsatellite analysis. Fish. Bull., 107: 244-260.

Beacham, T. D., Sato, S., Urawa, S., Le, K. D. and Wetklo, M. 2008. Population structure and stock identification of chum salmon *Oncorhynchus keta* from Japan determined by microsatellite DNA variation. Fish. Sci., 74: 983-994.

Frankham, R., Ballou, J. D. and Briscoe, D. A. 2010. Introduction to conservation Genetics, 28-30 pp. Cambridge University Press, Cambridge.

Hirborn, R. 1992. Hatcheries and the future of salmon in the Northwest. Fisheries, 17: 5-8.

岩手県水産技術センター漁業資源部. 2014. 秋サケ回帰情報(No. 3 後期分). 漁況情報号外 2013 年度.

Kaeriyama, M., Seo, H., Kudo, H. and Nagata, M. 2012. Perspectives on wild and hatchery salmon interactions at sea, potential climate effects on Japanese chum salmon, and the need for sustainable salmon fishery, management reform in Japan. Environ. Biol. Fish., 94: 165-177.

木島明博・藤野芳久. 1979. シロサケ集団における IDH および LDH アイソザイムの地理的分布. 日本水産学会誌, 45：287-295.

Kitanishi, S., Edo, K., Yamamoto, T., Azuma, N., Hasegawa, O. and Higashi, S. 2007. Genetic structure of masu salmon (*Oncorhynchus masou*) population in Hokkaido, northernmost Japan, inferred from mitochondrial DNA variation. J. Fish Biol. (Supplement C), 71: 437-452.

Kitanishi, S., Yamamoto, T. and Higashi, S. 2009. Microsatellite variation reveals fine-scale genetic structure of masu salmon, Onchorhynchus masou, within the Atsuta River. Ecol. Freshwater Fish, 18: 65-71.

宮腰靖之・高橋昌也・大熊一正・卜部浩一・下田和孝・川村洋司. 2012. 標識魚の遡上状況からみた北海道尻別川水系内でのサクラマスの母川回帰. 北水試研報. 81：125-129.

Moriya, S., Sato, S., Yoon, M., Azumaya, T., Urawa, S., Urano, A. and Abe, S. 2009. Nonrandom distribution of chum salmon stocks in the Bering Sea and the North Pacific Ocean estimated using mitochondrial DNA microarray. Fish. Sci., 75: 359-367.

小川元・清水勇一. 2012. 東日本大震災から岩手県さけ増殖事業の復興と資源回復の課題. 日本水産学会, 78：1040-1043.

大友俊武・清水勇一・高橋憲明. 2006. サクラマス *Oncorhynchus masou* 資源造成技術の開

発について. 岩手県水産技術センター研究報告, 6：7-13.
坂井恵一・甲斐嘉晃・中坊徹次. 2011. ミトコンドリアDNA調節領域の塩基配列に基づく石川県のサケ個体群の遺伝的変異. 日本生物地理学会会報, 66：155-163.
佐藤俊平. 2013. DNA分析から見えてきたシロザケ集団の遺伝構造とその成立過程.「サケ学大全」(帰山雅秀・永田光博・中川大介編), pp. 129-132, 北海道大学出版会.
Sato, S., Ando, J., Ando, H., Urawa, S., Urano, A. and Abe, S. 2001. Genetic variation among Japanese population of chum salmon inferred from the nucleotide sequences of the mitochondrial DNA control region. Zool. Sci., 18: 99-106.
Sato, S., Kojima, H., Ando, J., Ando, H., Wilmot, R. L., Seeb, L. W., Efremov V., Le-Clair, L., Buchholz, W., Jin, D-H. Urawa, S., Kaeriyama, M., Urano, A. and Abe, S. 2004. Genetic population structure of chum salmon in the Pacific Rim inferred from mitochondrial DNA sequence variation. Env. Biol. Fish., 69: 37-50.
Seeb, L. W., Templin, W. D., Sato, S., Abe, S., Warheit, K., Park, J. Y. and Seeb, J. E. 2011. Single nucleotide polymorphiusm across a species' range: implications for conservation studies of Pacific salmon. Mol. Ecol. Resour., 11: 195-217.
水産総合研究センター. 河川別の捕獲採卵数と放流数(サケ—本州　平成13年度—平成20年度)，水産総合研究センター北海道区水産研究所ホームページ：http://salmon.fra.affrc.go.jp/zousyoku/river/2008-2001cpt_k_hon.pdf(参照2014-4-14)
鈴木研一・小林敬典・松石隆・沼知健一. 2000. ミトコンドリアDNAの制限酵素切断型多型解析から見た北海道内におけるサクラマスの遺伝的変異性. 日本水産学会誌, 66：639-646.
Yoon, M., Sato, S., Seeb, J. E., Brykov, V., Seeb, L. W., Varnavskaya, N. V., Wilmot, R. L., Jin, D. H., Urawa, S., Urano, A. and Abe, S. 2008. Mitochondrial DNA variation and genetic population structure of chum salmon *Oncorhynchus keta* around the Pacific Rim J. Fish Biol., 73: 1256-1266.
Yu, J-N., Azuma, N., Yoon, M., Brykov, V., Urawa, S., Nagata, M., Jin, D-H. and Abe, S. 2010. Population genetic structure and phylogeography of masu salmon (*Oncorhynchus masou masou*) inferred from mitochondrial and microsatellite DNA analyses. Zool. Sci., 27: 375-385.

第Ⅳ部

加工・流通
に関する調査研究

第8章 岩手県のサケ産業と地域漁業
東日本大震災後の大型定置経営の復興過程

田村直司・天野通子・山尾政博

本章が分析の対象とする岩手県のサケ産業は，ピーク時の1990年代半ばには，サケ(シロザケ)[1]の漁獲量が7万トンを超え，漁家，漁協，水産加工・流通企業にとってきわめて重要な役割を果たした。一般に，母川での産卵のために秋に来遊してくるサケを，秋サケ(以下，アキサケ)と呼ぶが，サケの漁獲量の大半をこのアキサケが占める。水産業・漁村社会はサケ資源に大きく依存していたといえる。ただ，1990年代半ば以降は海外から安価なサケ・マス製品が大量に輸入されるようになり，消費者の嗜好が大きく変わり，国内産のサケ(シロザケ)に対する市場需要は急速に縮小した。一方，岩手県ではサケ回帰率が低下して漁獲量は1万トンを割り込んだ。東日本大震災によって破壊された岩手県の水産業と漁村社会の復興をはかるには，衰退を続けていたサケ産業の再興が欠かせないとの認識は広く共有されている。

岩手県におけるサケ産業の再興の視点は何か。

本章では，サケの漁獲を担う大型定置経営と流通を中心に，震災復興過程

---

[1] 日本で漁獲されるサケは，成熟段階や来遊時期により，銀毛(ギンゲ)，ブナ，目近(メジカ)，時知不(トキシラズ)，鮭児(ケイジ)なとど呼ばれる(北海道定置業協会 2010)。本文では特に強調しない限りサケで統一する。文脈によって，秋の産卵時期に母川に来遊してくるサケを，アキサケと表現する。

における課題を，事例分析を踏まえて検討する。具体的には，第1に，東日本大震災を前後する定置漁業の動向を整理することである。第2には，東日本大震災後の大型定置を中心としたサケ漁業の復興過程と支援策を検討し，第3には，大型定置漁業の経営を中心的に担う漁業協同組合(以降，漁協)自営を事例分析し，生産と流通が直面する問題を明らかにし，サケ産業の再興の課題を提示することである。

1．岩手県のサケ漁業と定置網漁業

岩手県におけるサケ漁業

岩手県のサケ漁業は，漁業権による「定置網」，県知事の許可制度による「はえなわ」，自由漁業である「1本釣り」[2)]が認められている。

1965年の岩手県のサケ漁獲量は，600トン程度であったが，ふ化放流事業が本格化した1960年代以降は増大し続け，1996年には7万3,000トンにまで達した。しかし，その後，漁獲量は年々減少を続けている。

図1(1)は漁業種別に見たサケの漁獲金額と産地卸売価格の推移である。漁獲金額のほとんどは定置網によるもので，次いではえなわ漁業となっている。はえなわ漁業は，定置網より沖側でサケを漁獲することができ，単価の高い未成熟の銀毛のサケを漁獲できるが，その漁獲量の割合は年々減少している。

岩手県におけるサケの生産額は1992年の240億円が最高で，当時の単価は700円/kgと高水準であった。大型定置漁業を自営していた漁協は，乗組員に対して十分に給料を支払うことができ，そのうえ一般職員に対して臨時ボーナスを支給することもできた。また，はえなわ漁業者のなかには，1シーズンのサケはえなわ漁だけで，1,000万円以上を稼ぐことも珍しくな

---

2) ただし，岩手海区漁業調整委員会の指示により，10月1日～2月末日の間は，はえなわ以外の釣り漁具を使ったサケ採捕禁止となる。

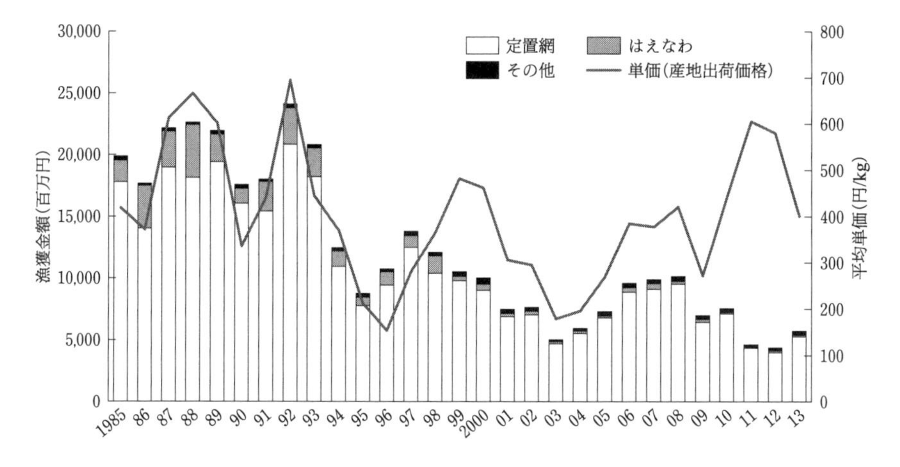

図 1(1)　サケ漁業種別漁獲金額および平均単価の推移
資料：1985～2008 年は「平成 20 年度岩手県さけ・ますに関する資料」(岩手県水産振興課)，2009～2013 年は「秋サケ漁獲速報」(岩手県水産振興課)より作成

かった，という[3)]。新たに漁船を建造する漁業者も多く，サケ漁獲量が増加すると，地域の水産加工業がフィレ加工やイクラ製造で賑わっていた。盛況なサケ漁業が，岩手県沿岸地域に大きな経済的恩恵を与えていたのである。

しかし，海外から安価なサケ・マス類が大量に輸入されるようになり，2003 年にはサケの単価が 180 円/kg にまで暴落した。輸入サケ・マス類は，身色の鮮やかさや和洋中問わずに利用できるという用途の多様性，脂肪分を好むといった日本人の嗜好にあわせてチリなどで養殖されたものであった。そのため，市場ではサケの消費が落ち込んだ。サケの回帰率の低下により漁獲量が減少する一方，燃油費の高騰によって操業コストが著しく上昇した。特に，個人の小規模経営体が中心であるサケはえなわ漁業は収益率が悪化し，出漁をする漁業者が極端に減少した。サケはえなわ漁による漁獲は，沿岸来

[3)] 当時のはえなわ漁業を行う漁業者達は，漁場を確保するために前夜から出漁していた。漁の最盛期には隙間もないくらいに漁船が水平線に並び，漁場確保をめぐるトラブルも多発していた。産地市場では，定置網やはえなわ漁船によるサケの水揚げ作業が行われ，仲買人やトラックの出入りで昼夜活気にあふれていた。

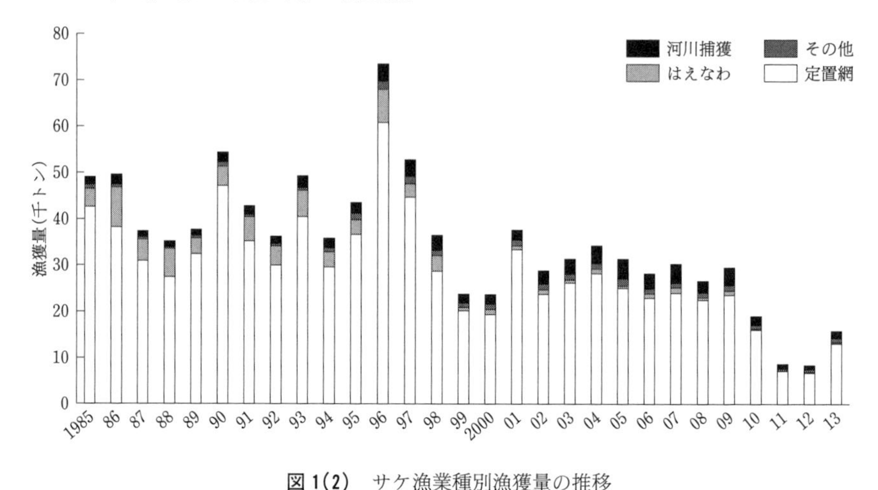

図 1(2)　サケ漁業種別漁獲量の推移

資料：1985～2008 年は「平成 20 年度岩手県さけ・ますに関する資料」(岩手県水産振興課)，2009～2013 年は「秋サケ漁獲速報」(岩手県水産振興課)より作成

遊量がピークとなった 1996 年には約 7,000 トンであったが，最近では 500 トンから 1,000 トンにまで落ち込んでいる。現在では，サケはえなわ漁だけで生計を立てている漁業者はほとんどいない。

サケ稚魚の放流数が約 4 億尾に維持されているが，図 1(2)を見ると，2008 年以降のサケの漁獲量は 3 万トンを割り込んだ。震災の前年である 2010 年には，2 万トン以下であった。震災後は定置網やふ化場の被災などにより，9,000 トン以下にまで減少したが，2013 年には 1 万 5,800 トン，震災前の 83%まで回復した。聞取り調査では震災以前からサケ漁獲量は急激に落ち込んでいるため，2013 年の実績は岩手県サケ産業が以前から抱えていたさまざまな課題による影響との見解もあった。

サケ大型定置経営について

岩手県の定置漁業は，定置漁業権(免許：大型定置)，第二種共同漁業権(免許・許可：小型定置)のほか，第二種共同漁業権内でミニ定置網である雑魚磯建網漁業が営まれている。このうち，定置漁業権が全体の数の約 7 割を占める。定置漁業権の操業期間は，漁場によって多少の違いはあるが，主に夏網が3月1日または4月1日〜8月末，秋網が9月1日〜翌年2月末である。定置漁業権の約9割を占める周年網は，主に3月1日〜翌年2月末となっている。網起こしは，通常は朝(午前3〜4時ごろ)行われ，サケの盛漁期には昼網起こしが行われる場合もある。

漁獲される魚種は，周年網や秋網ではサケ，夏網ではサバ，カタクチイワシの漁獲が多い。図2は，2013年に定置網で漁獲された水産物の割合を金額ベースで示したものである。サケの漁獲高が全体の54%を占め，続いてサバが9%，イカ類8%，そのほかにマス類，マグロ，ブリ類，ヒラメ，イワシ類などが漁獲される。サケ以外の魚種は，資源変動や海況変動により漁獲量が大きく変動するが，サケは大型定置経営を支える重要な魚種であることに変わりはない。なお，3〜9月における定置の夏網では，サバの漁獲高が増えている。2003年以前では2億円前後であったが，2008年には13億円(夏網全体の60%)，2013年には全漁獲金額の9%に相当する8億円強を占めた。

しかし，近年はサケ回帰率の悪化にともなう漁獲量の減少を受けて，岩手県では「サケ資源に頼る体制からの脱却」を進めてきた。行政が主導となり，サケに変わる魚種の栽培漁業の推進をはかっている。

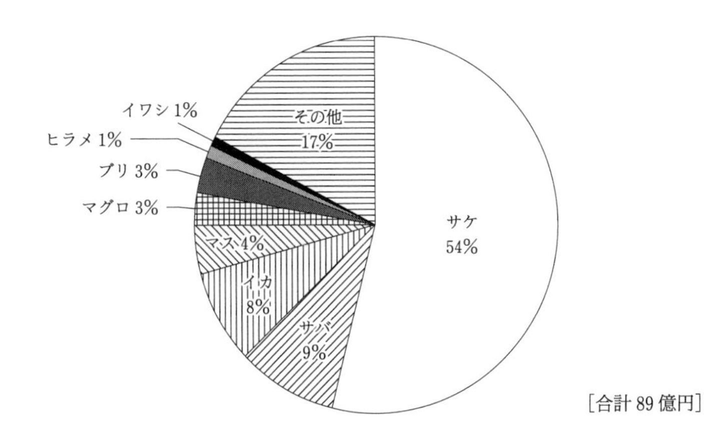

図2　大型定置漁業の魚種別漁獲金額の割合(2013年)
資料：「岩手県定置漁業協会平成25年度事業報告書」より作成

漁協自営を中心とした定置漁業

岩手県の定置漁業権による経営は，漁協による自営が68.5%を占め，そのほかは有限会社が7.3%，漁業生産組合経営が9.6%，個人・代表者名義による経営が14.6%である。岩手県の定置漁場は，明治時代にブリ漁場などとして個人が開拓したという歴史がある。サケ漁が盛んになるにつれて，地域では地先資源をより多くの人に分配すべきとの考えに立ち，漁協による自営形態が広まった。これは，漁業法によって，漁協における漁業権取得の優先順位が，上位に位置づけられていることと深く関係している。

加えて，漁協自営が最も多い理由は，大型定置経営の初期投資にかなりの費用を必要とするためである。大型定置1か統の網設置に必要な費用は約3億円である。網起こしなどの作業を行う際には，1隻約5,000万円の19トン型漁船が2〜3隻必要であり，大型定置1か統当たりの総投資額は4億〜4億5,000万円にも達する(出村 2011)[4)]。

漁協自営の大型定置漁業は，サケが豊漁であった昭和から平成の初めまでの時代には，その経営はきわめて順調であった。各漁協では，大型定置経営による収益の増加に依拠して，施設整備や職員増員などを積極的に行った。また，漁協が行うアワビ，ウニの放流事業の多くは，放流用種苗の購入費に大型定置網で漁獲されたサケの収益が充てられてきた。サケの漁獲を中心とした大型定置漁業は，岩手県の栽培漁業を支える役割も担っていたといわれている。

しかし，近年はサケの漁獲量が減少し，価格が低迷している。そのため，漁協経営は厳しい状況にあり，これまでのようにサケを中心にした大型定置経営を維持することがむずかしくなっている。現在の経営収支では乗組員の給料支払いが精一杯であるともいわれ，赤字経営に転落した漁協もある。サケ漁業による収益の減少は，地域漁業に深刻な影響を与えている。

[4)] 大型定置経営には，水深60〜90 m程度の大型定置網が2張，網を固定するために使うアンカー(化繊の袋に細かい海砂をつめたもの)なども必要である。網を2張準備するのは，海藻類など網の付着物を除去する際に代わりの網が必要となるためである。

2．東日本大震災による定置漁業の復興状況

被災状況

東日本大震災前，岩手県内で許可・認可されていた定置は，大型定置87か統，小型定置47か統，合計134か統であった[5)]。本章で取り扱う大型定置漁場は，北部は洋野町から，南部は宮城県境の陸前高田市まで広い範囲に及ぶ。

東日本大震災が発生した3月は，大型定置漁業はシーズン外であったため，網は設置されていなかったが，網類を保管していた倉庫，大型定置漁業に用いる作業船，番屋・事務所のほとんどが流出し，合計で125か統が被災した。被災地域では定置漁業の復旧を最優先で行ったこともあり，2014年2月末現在では，大型・小型定置あわせて約8割の109か統が復旧した。なお，漁獲量の動向をもとに，地域ごとの復興状況を見るのはむずかしいが，震災後，定置漁業の再開を目指したところは，ほぼ操業開始している（表1参照）。

定置漁業経営の復興

国・県をはじめとする各行政機関は，被災した漁協および定置経営が，作業船，網などの資材を早期に調達できるように努めたが，同時に，損壊した

表1　定置漁業の操業再開漁場数（2014年2月末現在）（岩手県定置協会調べ）

	久慈	宮古	釜石	大船渡	計	前年度操業	増減	免・許可数	備考
大型定置	18	26	13	17	74	73	1	82	未操業8か統
小型定置	16	10	3	6	35	32	3	46	未操業8か統
うち許可	3	4	—	—	7	7	0	8	うち許可1か統
合計	34	36	16	23	109	105	4	135	未操業16か統

5) 小型定置には，第二種共同漁業権に基づく定置40か統と，知事許可に基づく7か統があった。実際に操業していた大型・小型定置の数は，これ以下だったといわれている。

ふ化場の復旧をどうはかるかも大きな課題になった。

岩手県では，「共同利用漁船等復旧支援対策事業」を利用して，定置漁業の復旧を目指した。具体的には，激甚災害法に基づき漁協などが共同利用するための小型の漁船建造費用および中古船の取得，修理，定置網漁具資材取得・設置などの費用を賄うためのものである。補助率は，国3分の1，県9分の4，市町村9分の1で，自己負担分は9分の1となる。2011～2013年にかけて実施され，補助を受けた大型定置は73か統，その補助対象事業費は118億600万円であった。小型定置は28か統，補助対象事業費10億1,200万円であった。

漁協自営の大型定置漁業を早期に再開させることは，地域内の雇用を確保するうえできわめて重要と考えられた。地域によっては，一人当たりの給料を減らしてでも，漁協自営定置が雇用する人数を増やそうとする動きがあった。ただ，仮設住宅が遠方に建設されたことや，復興関連事業等の雇用先が増えるなどして，乗組員の確保がむずかしくなった地域もある。

大型定置漁業は，水産加工業にとって貴重な原料魚を供給してきた。実際，被災した水産加工企業の多くが，2011年のアキサケ漁に間にあうようにその復旧を急いだ。漁獲量が減り続けていたとはいえ，岩手県の水産業復興戦略においても，大型定置の復旧は地域経済に対して高い波及効果が期待できる，有効な施策と考えられた。

種苗生産施設の復興

東日本大震災で被災したふ化場は，小川・清水(2012)[6]が示したように，27の河川にあった28か所のふ化場のうち，何らかの被害を受けたのは23か所であった。そのうち基幹設備の大部分が被災し，稚魚生産ができなくなった大規模被災は17か所を数えた。施設の復旧を早期に実現することは，岩手県のサケ産業を維持する上で不可欠であった。小川ほか(2013)は[7]，当

[6] 小川元・清水勇一(2012)，pp. 1040-1043.
[7] 小川元・清水勇一・石黒武彦(2013)，pp. 20-23.

初は 2011 年秋までに回復可能な稚魚生産能力は約 2 億 6,000 万尾，2008 年実績の 59％相当と見込んでいたが，その後復旧を急いだこともあって，3 億 2,000 万尾，同 73％にまで達したとしている。

岩手県のサケふ化場施設は，1980 年代後半に建設された施設が中心で，震災時には更新時期を迎えていたところが多い。そのため，震災後は川ごとに統廃合する方向で進めることになった。地域によってふ化場の運営には違いがあるが，漁協単位でふ化放流事業を運営するのが一般的である。そのため，漁協の意志決定や資金力などが，ふ化場の復旧とその後の運営を大きく左右したといわれる。岩手県全体としては，震災前には放流尾数を減らす方向で検討していたが，2012 年には 9,000 万尾，2013 年には 3 億 1,000 万尾，2014 年には 3 億 9,000 万尾とほぼ震災前のレベルに戻っている。

ふ化場の統廃合については，綾里漁協・越喜来漁協が運営していたふ化場を廃止し，気仙川ふ化場から種苗を購入することとした。また，唐丹町漁協の 2 か所，新おおつち漁協の 2 か所をそれぞれ 1 か所ずつに集約化している。三陸やまだ漁協は大沢川，関口川のふ化場を織笠川に集約した。こうした復興再編成の結果，表 2 に示したように，2013 年の時点で岩手県内の種苗生産能力は 3 億 8,500 万尾に達した。

岩手県におけるサケの種苗放流は，11 月中旬以降に採卵した卵から生まれた中期群が主体になっている。以前，早期群造成のために北海道から卵を移入したことがあるが，今は遺伝的多様性の維持観点から移入は行っていない。漁獲のピーク時は 11 月中旬～12 月上旬となり，これが全体の半分を占める。低迷したサケの回帰率をあげるためのさまざまな努力が行われており，

表 2　岩手県のサケ種苗生産計画

年度	捕獲尾数(尾)			採卵数(1,000 尾)	稚魚生産見込数(1,000 尾)	放流予定数(1,000 尾)	
	合計	オス	メス				うち海中飼育放流数
2012	849,917	495,159	166,041	416,497	360,300	360,300	33,100
2013	596,666	326,209	167,962	430,904	385,300	386,300	36,100

資料：岩手県さけ・ます増殖協会 HP(http://www.echna.ne.jp/~isz/)より

綾里川，浦浜川の河口付近では購入した種苗の一部を海中飼育して放流している。岩手県全体では海中飼育される種苗の割合は全体の約10%にすぎないが，今後はその割合が増えていくと期待されている。

なお，岩手県内の定置経営は，漁獲金額の7%をサケ増殖事業に対する協力賦課金として支払っている。サケが漁獲されなければ定置経営が成り立たないことから，サケ増殖事業に対する支援を継続している。2013年には，109か統で3億5,000万円ほどの協力金を負担した（表3参照）。

近年の回帰資源の減少によりサケの親魚が不足している。そのため，種卵確保が必要となった場合には，大型定置網に進入したサケを海産親魚としてふ化場に提供している。また，大型定置網の垣網短縮を実施することもある[8]。

定置漁業の経営安定対策として，岩手県資源管理協議会が資源管理計画を作成し，操業期間の短縮が実施されている。回帰率の低迷でサケ資源が低位水準にあるだけではなく，その漁獲を補うほかの対象魚種の資源量も減少傾向にある。県では，免許および許可の内容と条件を守ることを徹底させると共に，サケの稚魚放流時期には，免許や許可期間内においても操業を休止することや，小型魚の保護をよびかけている[9]。なお，2013年度には，資源管理計画に基づいて（表4参照），国庫補助による漁業共済加入・積立ぷらす制度（漁業経営安定対策＋漁業収入安定対策）を活用した払い戻しを91経営体に対して行い，総額で5億7,356万円を支払った（岩手県漁業共済組合調べ）。

表3　サケ増殖事業に対する支援（2013年）（岩手県定置協会調べ）

単位：千円

漁業種類	水揚金額	賦課率（%）	賦課金額	前年度実績	増減
大型定置	4,400,645	7	308,045	225,577	82,468
小型定置	631,014	7	44,171	41,748	2,423
合　計	5,031,659		352,216	267,325	84,891

[8] こうした措置は北海道の秋サケ漁でも広く実施されている。
[9] 岩手県「岩手県資源管理指針」（平成23年3月）による。

表4　定置漁業の資源管理計画履行状況(岩手県定置協会調べ)

現在の計画数	2013年度履行確認済	残り	備　考
84	69	11	4件：2013年操業なし

2014年3月1日，岩手県では大型定置82か統，小型定置38か統の漁場が免許された。以前に比べ，大型定置で5か統，小型定置で2か統，それぞれ減少している。

サケ販売流通対策の実施

北海道では水揚げされたアキサケの3分の1〜2分の1が輸出にまわる。震災前には北海道が輸出を拡大する動きに従って，岩手県でも輸出を増やす動きが見られた。しかし，水揚げが減少するにつれて，輸出量も減少している。岩手県では，漁協と協力しながら消費拡大に向けた取り組みを行っている。県漁連が中心になって学校給食にサケ食材を提供し，毎年11月11日に「秋サケ祭り」を開催している。

岩手県が行う支援策には，消費拡大策と並んで，高度衛生管理型サプライチェーンの構築をはかるものがある。県では，構築に向けた施策の実施を3つのステップに分けて実施しようとしている。第1のステップは，定置漁業を対象とした早急に推進すべき高度な衛生品質管理である。第2は，全漁業種を対象にした高度な衛生品質管理，第3は，対EU向けHACCPなどに対応した高度な衛生品質管理の確立である。現在はステップ1の段階であり，サケを中心とする定置漁業を主体に進めている。漁船，港，魚市場，加工場，冷凍冷蔵施設，製氷貯蔵施設，運搬車両に基準を設けて適用し，地域全体でHACCP化に取り組む準備をしている。

HACCP化に向けたガイドラインは，県が作成したものをもとに各市町村が実態にあわせて作成していく計画である。地域ごとに生産者，加工業者，行政などが集まって協議会を開き，内容を詰めている[10)]。地域HACCPを

[10)] 現在協議会を開催しているのは，久慈，宮古，大槌，釜石，大船渡，陸前高田である。

掲げているが，大日本水産会や日冷食からの指導を受けており，世界標準にあわせる考えである。5年をめどに，EU向けに対応できる基準に対して挑戦できる土台を作ることを目標としている。

3．漁協自営の大型定置漁業の操業と特徴

岩手県における定置漁業は対象魚種の回遊状況による年ごとの漁獲変動が激しく，投資額の大きさはもとより，不漁時の経営を支える資金力が必要である。加瀬(2007)が指摘するように[11]，有力な網元や水産企業，漁協などの資金力・組織力をもつ大型定置が最終的に生き残っているのである。

既に述べたように，岩手県の定置漁業権による経営は，漁場をめぐる漁協と民間業者との競争と調整という過程を経て発展してきた。それは，漁業法の体系に守られて優位性を発揮する漁協自営に対する網元経営が妥協をしてきた歴史でもあった。その過程では，漁村社会の共同体的な性格，ないしは運営主体となる漁協組織がもつ公平性が働き，地域独自の乗組員組織を育ててきた。また，多数の定置が設置されるという漁場利用体系から脱却し，ワカメなどの海藻類養殖，貝類養殖などの新しい経済活動を行う組合員のために海面を確保する動きが盛んになってきた。前浜資源をいかに平等に分配するか，漁場を秩序よく使うか，大型定置経営の採算性をどう確保するか，という点への配慮にほかならない。

以下では，大型定置を営む2つの漁協の事例を分析し，復興過程にあるサケ漁業の実態を明らかにする。

綾里漁協の大型定置漁業の復旧概況

(1)漁協の状況

①組織構成

綾里漁協の組織構成は，表5のとおりである。正組合員の動きが激しく，

---

[11] 加瀬和俊(2007)は震災前の三陸沿岸の定置漁業の構造を多面的な視点から描きだしている。

表 5　綾里漁業協同組合の組織構成

年度	正組合員				准組合員数					合計
	合計	漁業者	漁業従事者	うち女性組合員	合計	地区内の漁民	漁業を営む法人	法人加工業者	うち女性組合員	
2010	453	424(6/ 6)	29	71(4/1)	22	19	2(1/0)	1	7	475
2011	444	415(18/27)	29	74(7/4)	21	19(1/1)	2	0(0/1)	8(1/0)	465
2012	439	410(12/17)	29	77(5/2)	20	18(1/2)	2	0	8	459

注：カッコ内は当期増加数/当期減少数
資料：綾里漁業協同組合事業報告書(2010～2012 年度)より作成

2012 年度の当期減少が 17 人あり，増加が 12 人となっている。減少の理由はもち分全部の譲渡，資格喪失，そのほかである。聞き取りでは，漁業者組合員のなかには震災発生直後に移転したり，高齢で辞めたりした者がいるが，船の被害がほかの地域に比べて少なく，漁業者組合員の減少は 20 人程度にとどまった。

当漁協の組合員組織は，小型漁船組合(208 人)，若布養殖組合(124 人)，青壮年部(92 人)，女性部(415 人)となっている[12)]。

大型定置漁業の運営は，以前は漁協内の第 2 生産課定置係が担当していたが，2013 年 8 月 1 日に組織替えがあり，現在は定置課が担当している。漁協自営の大型定置には，453 人の組合員によるもち分が設定されており，その割合は全体の 49%，残りの 51%が組合分となっている。

②組合員の概況

綾里漁協の組合員の漁業種類は，イサダ漁，イカ釣り，サンマ棒受け，刺し網，カゴ(タコ)などである。養殖業種類は，ワカメ，ホタテ，ホヤなどとなっている。組合員の経済ベースは，ワカメにあり，その販売金額だけで 1 人当たり 500 万円に達するといわれる。これに加えて，ほかの漁業種類を営むか，大型定置に雇われる者が多いが，漁業外の兼業もある。漁業就業の割合は高いが，それでも，漁業外への流出が進み，高齢化と人口減少が続いている。生産規模が縮小し，漁協経営にダメージを与えている。

[12)] 綾里漁協ホームページより(http://www.jf-ryouri.or.jp/)

(2)漁協の復興状況，サケ漁業が直面した問題と対処

①大型定置漁業

表6は，綾里漁協の大型定置漁業の震災前後に見られる変化の概況である。この管内には大型定置網が4か統あり，うち2か統が漁協自営による操業である。特徴的なことは，この地域には定置漁業経営委員会が設立されており，それには綾里漁協，組合員(個人)が参加している。漁協自営の大型定置網漁の実際の操業は，現場の作業グループに委ねられているが，経営管理，販売などは漁協が担っている。漁協自営の大型定置の漁獲金額は，震災前の2008年8億円をピークにして減少傾向にあり，2010年には半分以下の3.6億円にまで減少した。この間，漁獲金額の平均は約5億円である。震災後は，2011年に1.2億円，2012年に2.5億円であった。大型定置の漁具や施設は復旧してはいるが，水揚げは回復していない。

表6　綾里漁協定置漁業の概況

	震 災 前	2011～2012年(復旧過程)	2013年
大型定置 組合 個人有	 2か統 A定置漁場 B定置漁場 2か統	同じ	同じ
組合有の水揚げ額	3.6億(平均5億) 2008年8億がピーク	2011年：1.2億 2012年：2.5億	2013年：3.4億(計画)
従業員数	32人	36人(緊急雇用) (通常は58歳定年，これを60歳まで延長，62歳までいる)	32人 水夫　30人 まかない2人
運営形態		委員会形式 12年から13年にかけて整備されてきた	→
生産手段 (漁船，漁具など)	19トン型：3隻 16トン型：1隻 作業船　3～4トン：3隻 船外機付き：3隻	＊1隻はいわきまで流れていったのを取りに行って利用	19トン型：4隻 (予備に1隻所有) 作業船　3トン型：1隻 3.7トン：建造中 1.7トン：建造中 網積み：1隻

資料：2013年8月聞取り調査および各年度の業務報告書より作成

従業員数は震災前後で32人と変化はないが，震災直後の2011〜2012年には36人が雇用されていた。これは，緊急雇用として58歳の定年を60歳までに延長し，場合によっては62歳までの雇用を認めたことによる。漁業者の雇用先確保を優先し，その分，全員の給料を下げる形で4人の雇用を確保したのである。

震災の津波によって，漁協自営の大型定置関係では，16トン型の漁船1隻，4トン作業船1隻，船外機付き1隻などが流出した。2012年ごろから復旧しているが，その費用はかなりかかっており，船は以前のものを修理しながら使っていた。網などは倉庫に入っていたため流出しなかった物もある。復旧の過程では，必要資材を前倒しで購入したが，現在は使えなくなった場合に限り購入している。

②漁協の建物・施設など

漁港にあった事務所は津波によって破壊されたため，漁港から車で3分程内陸に入った場所に移転した。事務所内の敷地は，1mのかさあげをして新築した。事務所の建設費の，9分の8は補助を受けている。土地は市から借りている。

2013年8月の調査時点では，製氷施設，ガソリンスタンドは既にオープンしており，水揚げ場，取引所なども整備されていた。ただ，岸壁は引き続き工事が行われており，完全復旧には至っていなかった。なお，製氷施設は，2012年度には取り扱いは行っていなかった。

2012年度事業年度報告によると，復興課題として，共同利用漁船の早期の建造・購入，漁業関連施設の2013年度中の完成，各漁港の本格復旧の取り組みの必要性などが掲げられている。

③サケふ化場の損害と復旧状況

岩手県内のサケふ化場は，70〜80%が復旧したといわれる。しかし，綾里漁協が運営していた綾里川のふ化場は，震災により施設が全壊し，しかも，地盤沈下がひどく，井戸水のなかに海水が混じって操業できない状況に陥った。そのため，復旧を断念して，気仙川のふ化場から種苗を購入して放流することに決めた。

写真１　綾里漁協の事務所。2013年8月撮影

2012年度は，大船渡市の緊急雇用創出事業を導入して作業員を確保し，3,335尾の親魚を捕獲し，販売した(表7参照)。一方，稚魚は気仙川ふ化場から300万尾を1尾3円で購入した。稚魚のサイズは，購入時2〜3 cmで重さは4〜5 gであった。そのうちの200万尾は海中飼育で8〜9 gにして放流し，100万尾は直接，綾里川に放流した。海中飼育は初めての試みであり，回帰率の向上が期待されている。

なお，綾里川でのふ化場再建を断念したのは，ふ化場運営の採算性が震災前から悪化していたことも理由ではないかと思われる。綾里漁協の2010年の親魚販売高は60万5,000円であり，2012年も16万3,000円のみである。その結果，ふ化場の収支は震災前の2010年には約1,900万円の赤字であった。種苗をほかのふ化場から購入することにより，経営的な負担が軽減されると判断した可能性がある。

(3)大型定置の操業とサケ

①定置網操業のパターン

図3は，綾里漁協の2つの大型定置の主な漁獲対象魚種の季節変動を示し

写真 2　綾里漁港。2013 年 8 月撮影

表7　綾里漁協のサケふ化場放流事業(新魚採捕，採卵，放流実績)

区　分		本年度計画(A)			本年度実績(B)			増減(B−A)		
年　度		2010	2011	2012	2010	2011	2012	2010	2011	2012
親魚特別採捕	雄(尾)	12,000	10,000	7,000	2,787	0	1,719	−9,213	−10,000	−5,281
	雌(尾)	8,000	8,000	10,000	1,659	0	1,616	−6,341	−8,000	−8,384
計		20,000	18,000	17,000	4,446	0	3,335	−15,554	−18,000	−13,665
採　卵	自場採卵(1,000粒)	4,800	2,000	0	3,942	0	0	−858	−2,000	0
	移入卵(1,000粒)	0	0	0	1,688	0	0	1,688	0	0
	移出卵(1,000粒)	0	0	0	0	0	0	0	0	0
計	収容卵(1,000粒)	4,800	2,000	0	5,630	0	0	830	−2,000	0
稚魚放流	河川放流(1,000尾)	4,100	2,000	1,000	4,100	1,000	1,000	0	−1,000	0
	海中飼育放流(1,000尾)	0	0	2,000	0	0	2,000	0	0	0
計		4,100	2,000	3,000	4,100	1,000	3,000	0	−1,000	0

資料：綾里漁業協同組合業務報告書(第62〜64年度)より作成

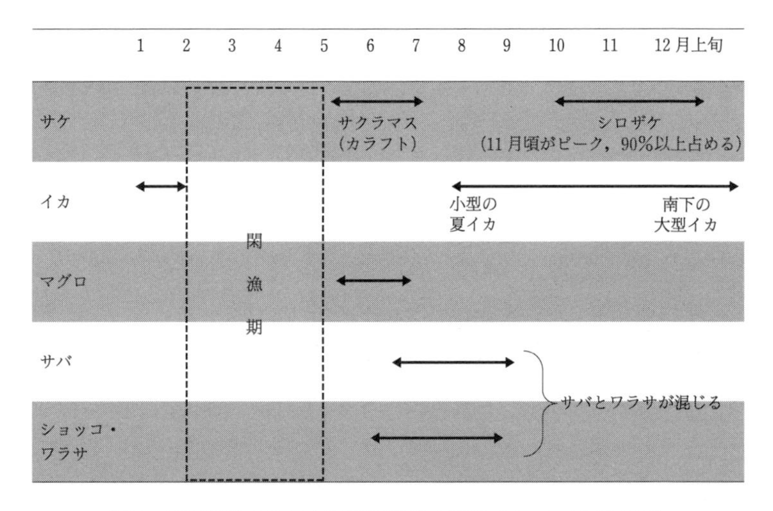

図3　綾里漁協の自営大型定置漁業の操業パターン(主要魚種)
注：ワラサはブリをさす。大きさは5キロ以上のもの。ショッコはワラサの小さいもの。
資料：2013年8月聞取り調査により作成

たものである。震災を前後して，以前には漁獲されていたサワラが減少している。全体として，対象魚種の漁獲の変動が以前に比べて早くなったといわれる。

綾里漁協の大型定置は2〜5月が閑漁期に当たる。2つの漁場によって多少異なるが，漁獲金額が多いのは夏網である。

表8と表9は，A漁場とB漁場の漁獲量，漁獲金額の推移を，主要魚種別に見たものである。長期的な資料が得られなかったため，震災年をどのように位置づければよいかは不明であるが，サバの漁獲量が極端に変動していることは明らかである。これは大型定置漁業の復旧とも関係しているが，2012年になってもA漁場では2010年のサバ漁獲量の33.6%，B漁場では

表8　綾里漁協自営の定置漁業の漁獲量(漁場別)

単位：トン

	A漁場			B漁場			2漁場合計		
	2010	2011	2012	2010	2011	2012	2010	2011	2012
サケ・マス類	162	37	74	133	13	39	295	50	113
ショッコ・ワラサ	134	359	399	116	70	385	250	430	785
サバ	830	26	280	638	389	367	1,467	415	646
スルメイカ	84	19	42	128	26	53	213	45	96
カツオ	46	2	40	37	1	42	83	3	82
マグロ・メジ	7	2	13	9	2	3	17	4	16
その他	37	6	29	54	50	21	90	55	50
合計	1,300	451	878	1,115	552	910	2,415	1,002	1,788

注：年度期間は，当該年の4月1日～翌年3月31日。そのほかは，サワラ，ヒラメ，タイ，マンボウ，サメ，イワシ，アジ，マダラ，カワハギなど。
資料：綾里漁業協同組合業務報告書(第62～64年度)より作成

表9　綾里漁協自営の定置漁業の漁獲金額(漁場別)

単位：千円

	A漁場			B漁場			2漁場合計		
	2010	2011	2012	2010	2011	2012	2010	2011	2012
サケ・マス類	66,436	18,775	38,381	56,356	7,543	21,200	122,792	26,318	59,581
ショッコ・ワラサ	19,184	29,771	42,485	12,880	6,269	51,368	32,064	36,040	93,853
サバ	45,879	969	14,893	39,819	15,759	16,489	85,698	16,729	31,382
スルメイカ	15,791	3,932	7,605	24,734	5,200	9,249	40,525	9,132	16,854
カツオ	2,026	14	1,624	1,445	11	1,421	3,471	25	3,045
マグロ・メジ	11,760	3,877	19,696	16,608	3,356	3,750	28,368	7,232	23,446
その他	13,473	2,583	8,616	21,147	15,869	6,051	34,620	18,452	14,667
合計	174,548	59,921	133,300	172,989	54,007	109,528	347,537	113,927	242,828

注：年度期間は，当該年の4月1日～翌年3月31日。数値は税抜き金額。そのほかは，サワラ，ヒラメ，タイ，マンボウ，サメ，アジ，マダラ，カワハギなど。
資料：綾里漁業協同組合業務報告書(第62～64年度)より作成

57.5%に回復しただけである。一方，ショッコ・ワラサはいずれの漁場共約3倍近くに漁獲量を増やした。

2012年のサケ・マス類の漁獲量は，A漁場で74トン，2010年に比べると約46%，B漁場では39トン，約30%の回復率にすぎない。サケが漁獲される秋網の割合が最近は低下している。サケ・マス類の漁獲は，5〜7月にかけてサクラマスがあり，10〜12月上旬にかけてサケとなる。サケのピークは11月であり，この時期に全体の90%が漁獲される。ちなみに，サケの2012年の出荷量は113トン，雄が74トン，雌が39トンである。平均単価は，雄が1キロ当たり240円，雌が900円となり，平均は約500円であった。

漁獲されたサケ・マスの出荷先は大船渡市場であり，漁船で直接に水揚げし，そこでセリにかけられる。ほかの一部の漁協のように，直売などはしていないために，販売チャネルはいたって簡単である。

サケ・マス類の漁獲金額の変動が，大型定置の水揚げ全体を左右する。A漁場では，2010年にはサケ・マス類の漁獲金額が全体の38%，2012年には57.7%を占めていた。一方，B漁場では，2010年が32.6%，2012年が19.3%と大幅に貢献度を減らしている。全体では，2010年のサケ・マス類の金額比率は35.3%，2012年では25.4%であった。

②漁協自営による大型定置漁業の収支の動き

これまで，自営事業は，漁協経営になくてはならないものであった。水揚げが当初計画を大幅に下回り，販売金額が減少しているが，それでも2012年度の綾里漁協における事業総利益に占める定置自営事業収益（費目名は，漁業共同経営事業総利益）の割合は約2割である。

表10は，綾里漁協が運営するA漁場とB漁場の損益をまとめたものである。大型定置の操業による漁協自営販売額は，震災の翌年には半分以下まで減少した。2012年には，A漁場は76%，B漁場が63%まで回復した。なお，2011年には両漁場をあわせると，およそ5,700万円の共済金が支払われ，これが収入の4分の1強を占めた。サケ・マス類の漁獲量の回復は決して順調とはいえない。

乗組員に対する給料支払いは，夏網（5〜8月）とアキサケが中心となる秋網

表 10　綾里漁協の漁場別定置漁業の損益計算書

単位：千円

	A 漁 場			B 漁 場			2 漁場合計		
	2010	2011	2012	2010	2011	2012	2010	2011	2012
収　入									
漁業自営販売高	183,249	62,917	139,965	181,638	56,707	115,004	364,887	119,624	254,969
受取共済金	16,472	29,259	13,399	0	27,893	19,996	16,472	57,152	33,395
雑収益他	3,095	19,010	7,141	9,335	19,011	7,138	12,430	38,021	14,278
計	202,815	111,186	160,505	190,973	103,611	142,137	393,788	214,797	302,642
費　用									
原材料費	27,262	17,671	24,475	25,203	26,029	17,679	52,465	43,700	42,154
労務及び管理費	56,883	43,738	48,104	57,184	44,545	47,627	114,068	88,283	95,731
その他経費	81,463	41,910	41,206	85,621	40,659	53,791	167,084	82,568	94,997
計	165,608	103,319	113,785	168,009	111,232	119,097	333,617	214,551	232,882
純 利 益	37,207	7,867	46,720	22,964	−7,621	23,040	60,171	246	69,760

注：年度期間は，当該年の 4 月 1 日～翌年 3 月 31 日
資料：綾里漁業協同組合業務報告書(第 62～64 年度)より作成

(9～1 月)とで区別をしている。本来，夏網みは固定給に歩合が加わるが，2012 年は固定給のみの支払いであった。一方，秋網操業の歩合は夏網よりも低い。全体の配分は，組合が 51％を取り，乗組員が 49％になる。仮に 2 億円程度の水揚げがある場合には，1 億円が経費に，そのうち人件費が 7,000 万円と試算されている。

乗組員の雇用，組合経営，いずれにとっても大型定置漁業の操業は重要な役割を果たしている。水揚げが減少しているとはいえ，サケは重要な魚種であり，組合経営はその来遊状況に大きく左右される。綾里川のサケふ化場が廃止となり，気仙川から種苗を購入するようになったが，それが今後どのように漁獲量に影響を及ぼすのかが注目される。

釜石湾漁協の大型定置漁業の復旧概況

(1)漁協の状況

①組織構成

釜石湾漁業協同組合(以下，釜石湾漁協)の 2013 年 3 月時点の正組合員は 496 人，全員が漁業者であり，うち女性組合員が 160 人である。准組合員は 69

表 11　釜石湾漁協の組織構成

年度	正組合員			准組合員		合計
	合　計	漁 業 者	女性組合員	合計	地区内の漁業者	
2010	559(1/21)	377(1/15)	182(0/ 6)	85	85(0/ 5)	644
2011	527(4/36)	354(3/26)	173(1/10)	75	75(0/10)	602
2012	496(4/35)	336(4/22)	160(0/13)	69	69(0/ 6)	565

注：カッコ内は当期増加数/当期減少数
資料：釜石湾漁業協同組合事業報告書(2010～2012 年度)より作成

人，すべて地区内の漁業者である。震災の前年 2010 年と比較すると，正組合員が 63 人，准組合員が 16 人も減少している。女性組合員も 22 人が脱退した(表 11 参照)。震災によってこの漁協管内の漁業者がいかに大きな打撃を受けたかがわかる。漁船の 8～9 割が津波で流出したといわれる。

釜石湾漁協は，平田，白浜浦，釜石の 3 つの漁協が合併して設立されたこともあり，本所と 2 つの支所がある。合併にともない青年部は統合されたが，女性部は旧漁協を単位に 3 つの部がそれぞれ活動している。

漁協の業務は，総務課と業務課の 2 課体制となっており，業務課が共済，購買，販売・利用，営漁指導，漁業自営を統括している。組合の職員数は 18 人である。大型定置の操業を管理しているのが漁協自営である。

②組合員の概況

組合員が従事する主な漁業種類は，アワビ，ウニ，マツモなどの採貝藻漁業，ワカメ，コンブ，ホヤの養殖漁業，鮮魚を刺し網で漁獲する漁船漁業など，となっている。震災を挟んで漁業生産には大きな変化があった。震災前年の 2010 年には，アワビ漁業，ウニ漁業に従事する経営体数は，それぞれ 298，264 であった。組合員の多くが，アワビ・ウニ漁業に従事し，これらを組み込んだ操業態勢をとっていた。震災年の 2011 年，アワビ漁業と天然ワカメ以外の操業ができなかったためアワビ漁業に従事する経営体数だけが増えた。2012 年になると，アワビ漁業が 238 経営体にまで減少し，ウニ漁業は未操業の状態が続いた。一方，補助事業で施設の復旧が進められたワカメ養殖に従事する経営体が多少増えた。しかし，主力のホタテやカキの出荷までは時間を要することから，震災後に組合員が置かれていた状況がいかに厳しかったかがわかる。

(2)漁協の復興状況，サケ漁業が直面した問題と対処

①漁協による大型定置の復興

震災前と後の漁協自営の大型定置漁業の概略を表12に示した。漁協は定置2か統を自営事業として操業している。

震災で受けた損害を，大型定置関係だけに限ると，大きな作業船3隻がそのまま残り，19トン型2隻，12トン型が陸場にあがった状態になった。小さい漁船2隻は破壊されたため，1隻のみを購入した。それに対して，定置網はわずか一部分のみが残り，後は流出したため，補助などを使って新規に購入せざるをえなかった。被害はもちろん大きかったが，復旧は比較的早く進み，2011年で漁獲高は2.4億円にまで回復した。2012年には漁獲量・金額共大きく減少したが，これは震災による施設復旧の遅れというよりも，資

表12　釜石湾漁協定置漁業の概況

	震災前	2011～2012年(復旧過程)	2013年
大型定置 組合	2か統 C定置漁場 D定置漁場	同じ	同じ
組合有の水揚げ額	3億円	2011年：2.4億円 2012年：1.4～1.5億円	2.4～2.5億円(計画) (10月下旬，1億円超した) 2.4～2.5億円が定置網経営を維持するための水揚げ最低ライン。
従業員数	20人 1月末までの1年契約 65歳定年，40代が多い 組合員のみでは足りないため ほかから補充	20人 →	20人 2012年まで働いていた人が出稼ぎ。ほかから1名を補充。 変化なし
生産手段 (漁船，漁具など)	大型：3隻 作業船　3.7トン型：2隻 網	流されず，利用できた 全て流され，1隻は代船建造 一部のみ残り，購入	大型：3隻 作業船：1隻 2か統分
水揚げ状況	青もの，サケがよくなかった	青もの，ワラサは良好 サケはよくなかった (水揚げ魚種に変動がある)	?

資料：2013年11月聞取り調査より作成

源や環境の変化によるものと思われる。2013年の調査時点では震災前の水準に回復しつつあった。2010年にはサバの水揚げがよく，逆に，サケは不漁であった。2011年には青ものやワラサはよく，サケはこの年も不漁であった。

震災を挟んで，大型定置漁の操業形態に大きな変化は見られないが，従業員の確保に多少の変化があった。綾里漁協のように，雇用確保のために乗組員数を増やすことはなかったが，逆に，ほかの地域から乗組員を雇用せざるを得なくなった。

定置の水揚げについては，C漁場とD漁場では震災後の状況がまったく違った。C漁場は2011年には前年に比べて漁獲量が増えたが，D漁場は漁獲量を急減させた。2012年にはやや回復の兆しを見せたが，それでも2010年の3分の1の水準にすぎない。

②大型定置漁業の操業

大型定置の操業に関しては，それぞれの地域および経営体によって独特の給与体系や歩合配分がある。漁協自営による乗組員組織，固定給と歩合給の計算をする際の基準になる配分割合の考え方を表13に示した。大課とよばれる総支配人のもとに，役割分担に基づく職階と分配割合が決められている。なお，職階のよび名は地域によって多少異なり，分配割合も違う。給料は固定給を基本とし，1人夫は7,000～7,500円である(調査時点)。これをもとにそれぞれの役割に応じて給料が計算される。なお，2012年には歩合給はなく，固定給だけによる給料支払いだった。

釜石湾漁協の自営大型定置漁は，1月中下旬に休漁の準備に入り，2～5月

表13　釜石湾漁協の定置操業の分配状況

職階名	人数(人)	分配(人夫)	職階名	人数(人)	分配(人夫)
大　課	1	2	機関士	1	1.2
副大課	1	1.6	表まわり	2	1.1
監　督	1	1.4	一　般	10	1.0
船　頭	2	1.2	まかない	2	0.8

資料：2013年11月聞取り調査により作成

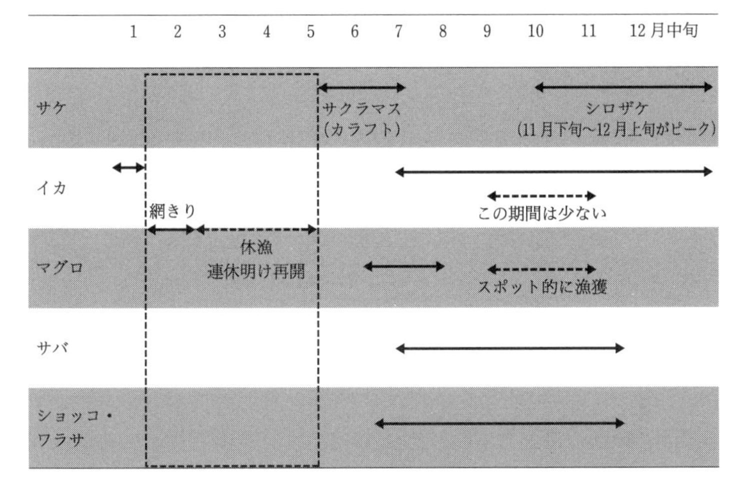

図4　釜石湾漁協の自営定置漁業の操業パターン（主要魚種）
資料：2013年11月聞取り調査により作成

連休明け前までは休漁している。連休明けより網設置作業に入り，中旬から本格的な操業に入る。サクラマスから始まり，マグロ，ショッコ・ワラサ，サバ，イカ，そしてサケと水揚げ対象魚種が変わっていく。ここでは，サケの漁獲は11月下旬〜12月上旬がピークになる。

③漁獲量の推移と販売チャネル

表14，表15に示したように，漁協全体としては，2012年の漁獲量は，2010年のわずか3分の1程度と低い水準にある。その主な原因は，ブリ・ワラサなどが2011年には890トンと前年の4倍強も水揚げされたのに対し，2012年にはその10分の1以下の80トンに減ったことによる。漁獲変動はかなり大きかった。

釜石湾漁協の大型定置では，サケは全体の漁獲量の3割程度である。サケの水揚げは長期的に減少傾向にある。漁獲金額全体に占めるサケの割合は，2010年には50%，震災年には32.7%，2012年には再び53.9%へと回復した。釜石湾漁協では，サケの水揚げの多寡が定置事業全体の収益動向に影響を与えているのがわかる。

表 14　釜石湾漁協自営定置による漁獲量(漁場別)

単位：トン

魚　種	C 漁 場			D 漁 場			2 漁場合計		
	2010	2011	2012	2010	2011	2012	2010	2011	2012
サ　ケ	196	108	117	175	30	37	371	138	154
スルメイカ	129	71	40	72	11	28	200	82	68
サ　バ	520	502	115	163	9	50	683	511	165
ブリ・ショッコ・ワラサ	179	883	57	29	7	23	208	890	80
メジ・マグロ	12	21	6	0	0	1	13	21	7
サ ワ ラ	13	16	31	1	0	1	14	16	32
そ の 他	28	84	16	11	1	11	39	85	27
合　計	1,078	1,686	383	452	59	151	1,529	1,745	533

注：年度期間は，当該年の 4 月 1 日～翌年 3 月 31 日。その他は，福来，タイ，アジ，マダラ，ヒラメ，マンボウ，サメなど。
資料：釜石湾漁業協同組合業務報告書(第 8～10 年度)

表 15　釜石湾漁協自営定置による漁獲金額(漁場別)

単位：千円

魚　種	C 漁 場			D 漁 場			2 漁場合計		
	2010	2011	2012	2010	2011	2012	2010	2011	2012
サ　ケ	84,577	60,604	64,175	73,658	17,866	20,322	158,235	78,471	84,497
スルメイカ	27,001	13,182	8,128	14,532	2,388	4,960	41,533	15,570	13,088
サ　バ	32,476	21,821	7,568	9,414	429	2,931	41,890	22,250	10,500
ブリ･ショッコ･ワラサ	16,902	76,843	5,517	2,048	550	2,071	18,950	77,393	7,589
メジ・マグロ	19,227	3,235	9,020	1,030	102	1,770	20,257	3,337	10,790
サ ワ ラ	8,930	10,684	16,812	574	68	775	9,504	10,752	17,588
そ の 他	4,219	20,076	3,514	1,383	358	1,705	5,603	20,425	5,220
合　計	193,333	206,444	114,735	102,638	21,762	34,536	295,971	228,206	149,270

注：年度期間は，当該年の 4 月 1 日～翌年 3 月 31 日。数値は税抜き金額。その他は，福来，タイ，アジ，マダラ，ヒラメ，マンボウ，サメなど。
資料：釜石湾漁業協同組合業務報告書(第 8～10 年度)

2011 年の岩手県のサケ漁は，「記録的不漁」といわれるほど不振であった。2012 年，釜石湾漁協では，前年から比べて，尾数では 4 万 9,000 尾から 5 万 9,000 尾へ(120.4%増)，重量で 138 トンから 153 トンへ(110.8%増)，販売額で 7 億 8,470 万円から 8 億 4,497 万円へ(107.6%増)と，それぞれ増加した。平均単価は，雌が 1 キロ当たり 910 円と高い水準にあったが，雄は 241 円，平均単価は 550 円であった。サケの漁獲量，漁獲金額とも多少もち直した。

釜石湾漁協のサケの出荷は，釜石市の産地市場に出荷しており，産直やそのほかのチャネルを通じた販売はない。

④自営事業の損益

損益計算書から判断する限り，C漁場は水揚げは多く，採算性もよい。これに対して，D漁場は2年連続で赤字を出している。漁獲量の少なさによるものだが，少なくとも1億円程度の水揚げは必要なのであろう(表16参照)。

ところで，漁協の事業部門別損益から見ると，大型定置経営はまったく別の様相を見せる。2010年の釜石湾漁協の経常利益は1,585万円，その内訳を部門別に見ると，共済，購買，販売，利用，指導がすべて赤字であった。一方，自営漁業は7,037万円，これを全体の経常利益に対する寄与率に換算すると443%となる。つまり，ほかの部門の赤字を埋めているのが大型定置を操業する自営部門なのである。

震災のあった2011年，釜石湾漁協は867万円の経常赤字を出したが，それでも自営部門の経常利益は6,230万円であった。2012年の漁協全体の経常利益は2,430万円，利用と自営を除く他部門は赤字であった。自営部門の経常利益は5,714万円，経常利益合計に対する寄与率は236%であった。いずれの年も，自営部門が漁協経営を支えていたことがわかる。

表16　釜石湾漁協の漁場別の定置損益計算書

単位：千円

	C漁場			D漁場			2漁場合計		
	2010	2011	2012	2010	2011	2012	2010	2011	2012
収　入									
漁業自営販売高	193,333	206,444	114,735	102,638	21,762	34,536	295,971	228,206	149,270
受取共済金	0	0	55,085	0	22,261	263,594	0	22,261	81,680
雑収益	202	5,905	1,175	202	5,876	1,175	404	11,781	2,351
計	193,535	212,349	170,995	102,840	49,899	62,306	296,376	262,248	233,301
費　用									
原材料費	15,155	12,244	12,147	12,706	8,843	9,676	27,861	21,087	21,823
労務及び管理費	54,422	54,686	32,343	31,674	12,305	29,851	86,097	66,991	62,194
その他経費	57,410	48,073	39,742	48,591	32,652	30,216	106,001	80,725	69,940
計	126,988	115,003	84,214	92,971	53,799	69,743	219,959	168,803	153,956
純利益	66,547	97,346	86,782	9,869	−3,901	−7,437	76,417	93,445	79,345

資料：釜石湾漁業協同組合業務報告書(第8～10年度)より

2011年の震災からの復旧過程で，岩手県では秋サケ漁にあわせた大型定置網の復旧が急がれたのは，単に地域経済への波及効果が高いという事情ばかりではなく，漁協経営を維持するうえでも，早期の操業再開が強く望まれたのである。

⑤ふ化場の復興と運営

釜石湾漁協では甲子川にふ化場を所有，操業している。2011年の震災では，幸いなことにこのふ化場は被害を受けなかったが，停電のために施設を維持することができず，3月11日直後に，まだ十分に成長していない種苗を放流せざるを得なかった。

2012年は回帰数が少なかったために，ふ化場では親魚を十分に確保できなかった。2011年，2012年と採捕した親魚は5,000〜6,000尾と少なく，2010年実績の約28%にすぎなかった(表17参照)。ふ化場の改修工事が終了したのにともない，2012年度は1,500万尾の放流計画を立てた。全捕獲尾数は1万5,000尾，採卵数は1万7,000万尾，種苗生産見込みを1,500万尾としている。甲子川のふ化場の特徴であるが，採卵の時期は中期(11月下旬と12月上旬)が600万粒，後期(12月中下旬〜1月中旬)が1,100万粒となっている。

復興過程では，補助事業などでふ化場が建設，改修されており，ふ化能力が急速に高まった。震災前のふ化能力は700万粒であったが，その後回収工事を実施して，現在では1,500万粒を生産している。震災前から親魚，卵，種苗の販売をしていたことから，ふ化事業の採算性は比較的よかった。2010年の収入合計は3,051万円であり，親魚の売上高がその半分を占め，次いで稚魚売上が1,000万円弱あった。約1,600万円の利益を計上していた。2011年には親魚販売が大きく減少し，卵販売がなくなったために，赤字となった。2012年は親魚売上がさらに減少したが，稚魚の販売が順調に回復したことから，事業全体では黒字に転換した。種苗生産と放流については，今後も事業の採算性を維持することはできるだろう。ただ，回帰率が上昇するのか，大型定置漁業の水揚げ動向にどのように反映するかについては，まだわからない。

表17　釜石湾漁協のサケふ化場放流事業(親魚採捕，採卵，放流実績)

区　分		本年度計画(A)			本年度実績(B)			増減(B−A)		
年　度		2010	2011	2012	2010	2011	2012	2010	2011	2012
親魚特別採捕	オス(尾)	13,000	15,000	7,000	8,850	2,890	2,894	−4,150	−12,110	−4,106
	メス(尾)	17,000	20,000	8,000	13,056	2,676	3,297	−3,944	−17,324	−4,703
計		30,000	35,000	15,000	21,906	5,566	6,191	−8,094	−29,434	−8,809
採　卵	自場採卵(千粒)	7,800	10,000	17,000	7,850	5,391	7,463	50	−4,609	−9,537
	移入卵(千粒)	0	0	0	0	0	0	0	0	0
	移出卵(千粒)	0	0	0	6,200	0	0	6,200	0	0
計	収容卵(千粒)	7,800	10,000	17,000	7,850	5,391	7,463	50	−4,609	−9,537
稚魚放流	河川放流(千尾)	6,800	10,000	15,000	6,800	5,000	7,000	0	−5,000	−8,000

資料：釜石湾漁業協同組合業務報告書(第8～10年度)より

4．サケ産業再興に向けた視点

これまで，2つの漁協のサケ漁業を概観した。自営部門として営まれる大型定置は，サケだけを漁獲対象にしているわけではない。水揚げ魚種には季節変動があり，漁場に回遊してくる魚種の動向に操業が大きく左右される。ただ，秋の産卵時期に母川に来遊してくるサケ(アキサケ)については，各地にあるふ化場で生産された種苗を放流していることから，地域社会がこの資源に寄せる経済的期待はきわめて大きい。

岩手県では，このサケの資源的特性を反映した大型定置経営が成立し，それを資本集約的に営むための地域営漁組織が発展してきた。今日ではその組織の多くが，漁協自営として存立し，定置を操業している。地域によっては，漁村社会がもっていた網元ヒエラルキーを，戦後漁業法体制のもとで協同組合組織に転換させてきた。岩手県の沿岸部では，定置漁業がもっている経済的効果が，地域水産業の循環をつくり出してきたのである。

しかし，中長期的な趨勢で見ると，定置によるサケ漁業は衰退の道をたどっている。不安定なサケ資源に依存するリスクが大きくなるにつれて，サケ定置経営の地域社会での位置づけも低下してきた。一方，1990年代に入って，海外から大量に輸入されるサケ・マス類に対する市場需要が高まり，三陸沿岸のサケの経済的価値，それにサケがもつ食材としての使用価値は著しく低下した。三陸のサケは決して市場性の高い魚種ではなくなったのである。第9章では，サケを扱う水産加工業を分析対象とするが，加工企業のなかには地元に水揚げされるサケにこだわらない操業態勢をとる企業も増えている。

東日本大震災にともなう復興過程において，我々は，改めて定置漁業を中心にしたサケ漁とその関連産業が置かれている厳しい状況を再認識したのである。

一方，漁協という立場から見ると，定置漁業をめぐる事情は多少異なってくる。2つの漁協の事例が示したように，ふ化放流事業から水揚げ・販売に至るまで，サケを中心とした大型定置漁業は，漁協の組織と経営に深く根ざしている。特徴的なことは，生産を担うのは漁協であり，その役割はふ化放流および漁獲活動に限定されたものであり，市場流通，加工については，ほかとの間に明確な役割分担をしていることである。大型定置漁業を自営部門としてもつ漁協は，生産に特化してしまい，漁獲したサケの商品価値を高める，あるいは市場において輸入品に代替された使用価値を取り戻す努力をしているわけではない。

消費者が三陸のサケのもつ使用価値を認め，市場取引価格を妥当だと判断する限りにおいて問題はないが，現実には，輸入品による代替が進んでいる。漁協を中心とした生産者が，流通・加工企業との連携を強化しない限りは，市場需要の縮小を受け入れざるをえない。今日のサケをめぐる市場問題は，漁協による産直によって解決するものではなく，また，生産者を中心とした6次産業化によってサケ産業が再興するほど，単純なものでもない。震災からの復興過程では，ふ化能力を高めて，定置漁業を中心としてサケの水揚げを増やすことができても，その成果がただちに漁協経営，事業活動，組合員経済に反映されるわけではない。三陸のサケ産業は構造的な問題に直面している。

岩手県におけるサケ産業には，ふ化放流事業の技術力向上が不可欠であり，生産から流通・加工・消費の動きを踏まえた，総合的な再興策が求められている。

［引用・参考文献］

小川元・清水勇一．2012．東日本大震災からの岩手県サケ増殖事業の復興と資源回復の課題．日本水産学会誌，78(5)：1040-1043．
小川元・清水勇一・石黒武彦．2013．東日本大震災からの岩手県サケ増殖事業復興状況と資源回復への課題．SALMON 情報，7：20-23．
加瀬和俊．2007．釜石市における漁業―経済振興策と家族・共同体・地域．http://project.iss.u-tokyo.ac.jp/hope/result/DP_kase_0703.pdf
出村雅晴．2011．岩手県の定置網漁業とその被災・復旧動向．農林中金総合研究所．http://www.nochuri.co.jp/genba/pdf/otr110620r6-2.pdf
北海道定置業協会．2010．秋さけハンドブック．pp. 145．

三陸サケ産業のクラスター的発展の可能性

水産加工業の多様性と復興への課題

第9章

山尾政博・天野通子・田村直司

本章の目的は，2011年3月11日に発生した東日本大震災で大きな損害を被った三陸の水産業，特に，水産加工業の復興過程に焦点を当て，課題と今後の発展方向を明らかにすることである。

東北太平洋沿岸には豊かな漁場が広がり，沿岸部には拠点となる大型漁港が点在し，その後背地には大小さまざまな規模の水産加工業が発展してきた。三陸は，日本有数の水産業の拠点としてクラスターを形成し，首都圏はもとより，全国の消費地市場に鮮魚・加工品を供給している。

三陸の水産加工業は，対象とする魚種によってその存在形態は多様である。本章が対象とするサケ(シロザケ)[1]は，サンマやサバと共に，水産加工業の中心的な位置を占める魚種である。しかし，2012年度の全国サケ・マス生産は13.4万トン，ピークであった1996年の37万トンから比べると，約45%に減少している(北海道定置漁業協会 2014)。地域的には，北海道が11万

---

[1] 日本で漁獲されるサケは，成熟段階や来遊時期により，銀毛(ギンゲ)，ブナ，目近(メジカ)，時知不(トキシラズ)，鮭児(ケイジ)などとよばれる(第8章参照)。本文では特に強調しない限りサケで統一する。文脈によって，秋の産卵時期に母川に来遊してくるサケを，アキサケと表現する。日本のサケの漁獲量の大半をこのアキサケが占める。

8,000トンと全体の88%を占め，次いで岩手県が約7,700トン(5.2%)，宮城県が約2,300トン(3.0%)である。サケの水揚げは長年にわたり減少傾向にあり，三陸サケ産業の基盤は，以前に比べてはるかに脆弱になっている。

しかし，岩手県の震災復興過程で明らかになったのは，サケは地域の漁業経営および加工場経営において，今も重要な位置を占めていることである(清水 2013)。岩手県内では，サケ漁獲量の大半は定置漁業によるものである。漁協が操業主体となる自営形態が多く，サケ漁業が漁協経営や地域社会に及ぼす影響は予想以上に大きい(鴻巣 2013)。

本章の課題は，第1に，サケを主な対象魚種とする産地加工業の震災後の復興状況を明らかにすることである。第2に，対象とする加工製品やほかの魚種との組み合わせなどの多様性を確認し，第3に，震災後に生じている三陸サケ産業の大きな変化を分析することである。調査対象としたのは，主に岩手県のサケを扱う産地加工企業であるが，一部に宮城県の企業も含めている。調査対象企業を選定する際，復興途上の多忙期ということもあり，お答えいただける企業を優先したため，調査対象企業が事例としてどの程度の一般性をもつかについては疑問も残る。全体的動向の把握については，今後の課題としておきたい。

1．日本のサケ・マス需要と三陸サケ産業

日本市場のサケ・マス需要の変化

家庭内消費(2人以上世帯，総務省調べ)でサケの消費が伸び始めたのは，1980年代から，特に1990年代以降のことである。1991年には1人当たりの年間消費量が1,500グラムを超えた。2000年代半ばまで多少の振幅を見せながら，サケの消費量は伸び続けた。特徴的なのは，1990年代半ばからは生(解凍含む)サケの消費が増えて，これが全体の消費量を押し上げたことである。ちなみに2012年の家庭内1人当たり消費量は1,535グラム，内訳は生(解凍含む)サケが1,021グラムで約67%，塩蔵サケが514グラムで33%となる。1991年の消費量は1,588グラム，内訳は生サケが510グラム，塩蔵が1,078

グラムであったことからわかるように，消費は生(解凍)に移つり，その割合は完全に逆転した。

需要サイドでのサケの消費形態を変えたのは，第1に，水揚げ産地における生鮮処理能力と冷凍加工処理能力の向上である。第2は，海外からの輸入サケ・マスの増大である。以前は，日本の漁船団による北洋海域での漁獲量が多かったが，世界で遡河性魚類の母川国主義が支配的になると，日本は北洋漁場から閉め出された(北海道定置漁業協会 2014)。それを境に，アラスカ産ベニザケなどの輸入が急増したが，供給が必ずしも安定しなかったために，日本の商社や水産企業は海外，特にチリにおける養殖業発展に力を注いだ。日本市場向けのギンザケやトラウトの養殖生産量が急増し，また，ノルウエーなどでも大西洋サケやトラウトの養殖が盛んになった。海外の養殖サケ・マスは，フィレなどの処理がなされ，切り身やスシネタでの輸入が増えた。

サケ・マスの消費需要を最も大きく変えたのは，外食・中食産業による需要拡大である。焼き魚，フレーク，スモークなどを中心とした加工品での消費割合が増えた。回転寿司でのサケの需要が増えているが[2)]，現在ではマグロやハマチ・ブリを抜いて，最もよく食べられる寿司ネタである。ただ，そうした需要の中心は，北海道や三陸沿岸部に水揚げされるサケ(シロザケ)や，宮城県で海面養殖されるギンザケではなく，輸入サケ・マスである[3)]。

三陸水産加工業を支えてきたサケ

輸入サケ・マスが増大する以前には，塩蔵サケ加工が三陸や北海道の各地で行われていた。三陸沿岸では，首都圏に近いこともあって，物流体系の整

[2)]「マルハニチロホールディング」調べによると，回転寿司にて普段〝多く〟食べているネタは，1位「サーモン」(43.1%)，2位「ハマチ，ブリ」(22.1%)，3位「マグロ(赤身)」(21.3%)，4位「イカ」(17.6%)，5位「マグロ(中トロ)」(17.4%)という結果であった。サーモンは，若い世代から強い支持を集めている。

[3)] 宮城県のギンザケ養殖は最盛期には2万トンを超えたが，現在は1万トン強にまで半減している。

備にともない，生鮮出荷の割合が高くなった。また，イクラと筋子の加工はサケ水揚げ産地加工の中心的な業務である。

岩手県，宮城県に水揚げされるサケは，9～12月にかけて来遊するサケ，いわゆるアキサケが大半を占める。そのため，水産加工業の原料魚としてはほかの魚種と同じように季節性の強いものである。水揚げ産地の冷凍処理能力がそれほど大きくない時代，一時期に大量に水揚げされるサケは，塩蔵処理される割合がきわめて高かった。水産加工業としては，同地域で漁獲されるほかの原料魚と組み合わせた多角的な操業パターンをとるのが一般的である。

東日本大震災は，サケを対象原料にした水産加工業がどのようなものであったか，改めて認識させてくれた。震災によって壊滅的な打撃を受けた加工企業が，その復旧と復興のきっかけとしたのは，サンマ漁，サケ漁だった。清水(2013)は，震災復興後の宮城県と岩手県をあわせたサケ加工処理能力は1万3,200トン(年間)に達したと推計している。

ただ，サケを原料魚としている水産加工業と一口にいっても，その操業パターンはさまざまである。また，原料魚であるサケ・マスは，大まかには次の3つに分けることができる。1つは，秋に集中して漁獲されるサケ，三陸で水揚げされたものに北海道から移入されたサケが加わる。宮城県の沿岸で養殖されるギンザケは，毎年4～8月初めにかけて水揚げされ，生鮮・冷凍されて主にフィレ出荷される。今1つは輸入サケ・マスであり，周年にわたりサケ加工を行い，外食・中食産業に安価な調理済み製品を供給するためには不可欠である。

養殖ギンザケは，種苗生産から海面養殖までの生産過程，流通・加工に至る流れが，一種のインテグレーション的な「系列」下にあるため，原料として扱える加工企業はそれほど多くはない。季節的に秋から初冬にかけて水揚げが集中するアキサケ，それに輸入サケ・マスが主な原料魚となる。

製品形態から見たパターン

三陸沿岸部の水揚げ地では，生鮮・冷凍フィレを中心にした加工・出荷に取り組む企業が多い。生鮮フィレは，加工場の規模が小さい企業・個人営業が多いのが特徴である。手作業で行う工場がある一方，省力化のために一連の作業を機械化する企業が増えている。フィレと共に，冷凍ドレス，セミドレスにして出荷する企業があるが，概して資本や工場規模の大きさが求められる。

イクラ加工は，その製品単価が高く，独自の技術と味を活かせることもあることから，扱う企業は多い。回遊時期の違いを活かした製品作りが行われる。サケ水揚げ産地である三陸地方では，筋子を購入して家庭でイクラにする食の伝統が今も広く受け継がれている。最近は，回転寿司によるイクラ需要が多いことから，塩イクラよりも醤油漬けの割合が高い。

図1は，サケ製品の出荷形態を大まかに分類したものである。出荷製品のどれか1つを扱う企業は少なく，いくつかを組み合わせた加工パターンが一般的である。生鮮フィレ，筋子・イクラ，塩蔵品までは，一連の流れとして加工操業されることが多い。

原料取扱量の多い企業のなかには，原魚凍結などを別工場に委託することがある[4)]。水揚げ産地の水産加工場の多くは，図1の(1)～(5)までの加工であり，その先の高次加工に取り組む企業は少ない。もともと刺身商材や寿司ネタの加工は消費地市場周辺の業者，ないしは量販店がフィレで調達して行っていた。産地周辺にも高次加工を行う企業はあったが，震災で原料魚―フィレ―刺身・寿司商材，パック商品という一連の流れが切れてしまった。そのため，輸入サケ・マスに代替されてしまった。

調査を実施した岩手県の主要水揚げ産地では，サケの高次加工に取り組む企業は予想以上に少なかった。これは産地が宮城県に限られるギンザケについても共通している。パック製品など最終製品ないしはそれに近い形の加工を行う企業があったにしても，その生産規模は概して小さい。

一方，フレークや缶詰などの労働集約的な過程が加わる製品については，

---

4) 特に，復興過程では，生産設備が充分に整わなかったことから，委託に出す企業があった。また，資金的に充分な原料魚を仕入れることができない企業も下請けをした。

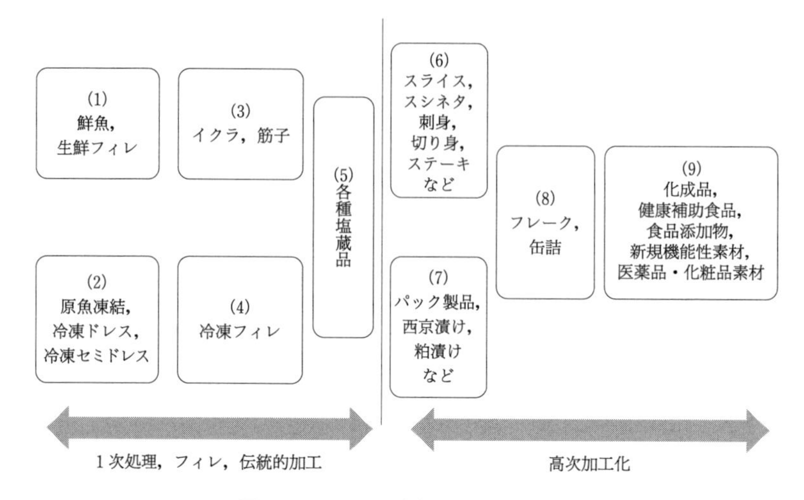

図1　シロザケの出荷製品の主な分類

資料：製品分類などについては以下のURLなどを参照した。http://www.maruha-nichiro.co.jp/salmon/food/food02.html

三陸の水産加工業ではあまり盛んではない。東アジアの水産食品製造業拠点との分業関係によって成り立っているからである。

2．小規模零細加工企業の多様な存在

前浜資源としてのサケ

表1は，岩手県にて調査をした水産加工企業のうち，サケの生鮮出荷を扱う比較的規模の小さな3社の概況である。A社とB社との間には販売金額に大きな開きがあるが，仲卸，鮮魚，フィレ出荷という活動は共通している。

A社は個人営業の形で，従業員10人程度の零細な加工場であるが(主にフィレ)，震災前の売上高は3億円から4億円あった。前浜に水揚げされた魚種，特にサケ，タラのフィレ加工と出荷に重きがあった。現在は，定置のサバやワラサの加工がこれに加わる。

A社の年間の操業パターンは，12〜3月がタラ(シラコ含む)，スキミタラが

表1　小規模水産加工企業の復興概況(岩手県)

企業名			A 岩手県大船渡市	B 岩手県釜石市	C 岩手県大槌町
事業内容			仲卸，鮮魚出荷，一次加工	仲卸，魚介類販売，ふぐ取扱許可	水産加工・販売
資本金			(個人営業)	(個人営業)	300万円
売上規模	震災前		3～4億円	2,000万円	3億円
	震災後		2.7億円	4,000～5,000万円	5,000万円
	震災後(回復率)		90%	200%以上	17%
被災状況			2棟の工場が全壊(施設関係はない)	出荷場など全壊	施設が全壊。凍結5トン，冷蔵庫100トン所有
操業再開			2011/9　サケに合わせて再開	2011/3月下旬	2012/10(その後移動)
従業員数			10人(正規4人)	4人(正規3人)	10人(正規2人)
加工の概要	1)対象魚種	震災前	前浜の魚類フィレ，サケ・タラの一次加工，スルメイカ	イクラ(醤油漬け，塩)，あらまき，鮮魚	スシネタ，切り身，サバ加工，トラウトあぶり
		現在	サケ，タラ，スズキ，定置サバ，定置ワラサ	イクラ，あらまき，鮮魚	切り身製品パック，イクラ少し，サバ味噌煮，煮付け，ブリ
	2)サケの扱い(原料魚換算)	震災前			チリギン7トン，サバ20トン
		現在	40トン(アキサケのフィレ)	400 kg，新巻用300本	50%
		近い将来	100トン目標	調達しにくい	

資料：それぞれ聞き取り調査により作成

3～6月，定置のサバ・ワラサが6～9月，アキサケが9～12月，と続く。基本的にはA社が立地する大船渡市場に水揚げされる魚種に応じたパターンである。震災前にはスルメイカの加工があったが，現在は行っていない。A社は，震災後，取扱量が多いアキサケ漁にあわせて工場の復旧を急いだ。加工作業は震災以前から手作業であり，これは復興過程でも変化はない。ほかの多くの加工場が機械化を急いだのとは対照的である。A社にとっては，アキサケは季節性のある魚種ではあるが，ほかの魚種と組み合わせることができる基幹的魚種である。

図2は，A社の原料魚の調達ルートと出荷先を大ざっぱに示したものである。原料魚の調達は漁協が運営する産地市場を通す。出荷先は，東京，名古屋をはじめとする中央卸売市場，それに地方卸売市場である。

出荷相手先を卸売市場に絞る傾向が強いのは，第1に，代金回収が確実であり，第2に，精算期間が1週間程度と短いこと，第3に，ほかの産地の情報も含めて市況の動きがよくわかり，取引をめぐって駆け引きができる，などのメリットがあるためである。なお，フィレ出荷する中規模以上の加工業者においても，市場出荷の割合はかなり高い。ときに，「帳合い」とよばれる取引形態により，物流では直接販売だが，商流では代金回収を確実にするために市場経由という形をとることが多い。図3には，サケ生鮮フィレの消費者までのリード・タイムを示しておいた。原料調達とフィレ加工を含めて午前中に加工を終了させてトラック移送の準備を終え，次の日には消費者に届く，という体制を整えている。

B社は鮮魚仲卸の性格が強く，その販売規模はA社に比べて小さい。また，サケはフィレに加えて，アラマキやイクラ製品を出荷している。震災により加工場は全壊したが，仮設工場などを利用しながら復旧をはかり，現在

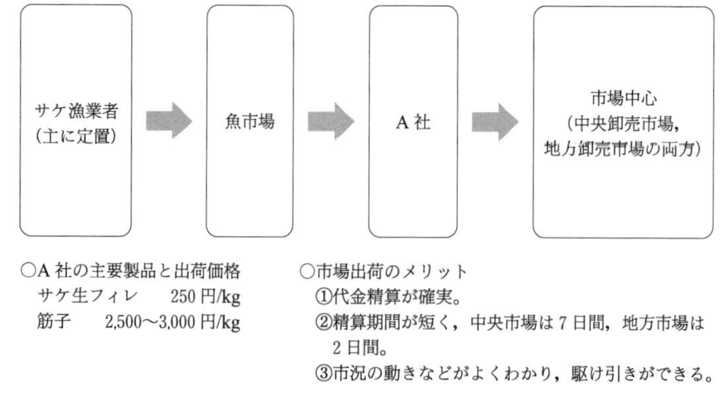

図2　A社によるサケ販売ルートと主要製品
注：販売価格は2013年11月調査時点のもの。

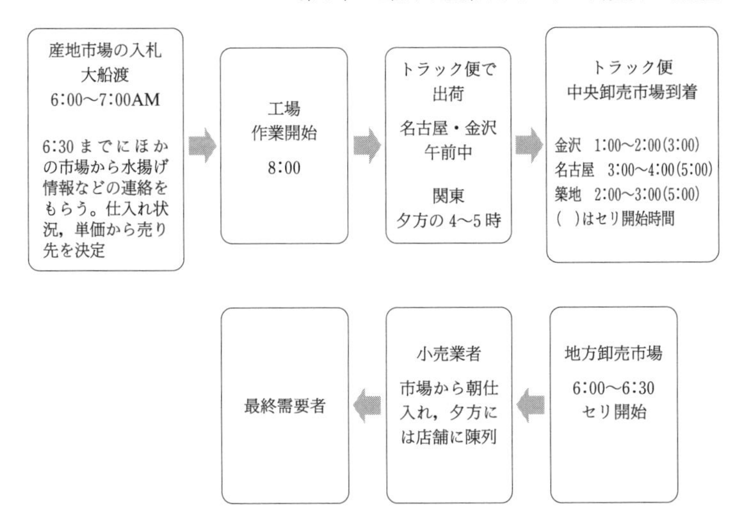

図3　A社のサケ生鮮フィレの消費者までのリード・タイム

は震災前の売上の2倍以上を確保している。A社と違い，B社は生鮮フィレを，地元をはじめとする居酒屋などに販売している。イクラは醤油漬けと塩の割合がほぼ半々である。販売先は，醤油漬けが通販，回転寿司，インターネット販売，塩イクラは周辺の料理屋中心となっている。A社が卸売市場を対象にした販売体制を敷いているのとは対照的である。

岩手県のサケ水揚げ港周辺には，規模の大小を問わずB社のように，イクラやアラマキ加工を行う企業が多数ある。後に分析する比較的規模の大きな加工企業の場合も，フィレ出荷とイクラ・筋子加工を組み合わせている。

高次加工を手がけるC社――復興の困難さに直面

A社とB社が，鮮魚出荷を中心に据えた事業形態をとる一方，C社は高次加工を手がけてきた小規模企業である。震災前には，エンガワなどの高価格品を含むスシネタ作り，弁当の切り身などの比較的「高次な加工」を行っていた。また，イクラ加工では充実した操業体制をとっていた(表2参照)。

しかし，震災後は事情が一変し，まず，高度な衛生管理が求められるスシ

表２　C社のサケ製品加工の復興状況

	現　在 (2013年11月時点)	2011〜2012年	震災前
主要加工品	パック商品など(スシネタには対応できない状況)		スシネタ(エンガワ含む)，弁当切り身，サバ加工，トラウトのあぶり，など生食中心
主要原料	現在は輸入品が中心。チリ・ギンザケ7トン	仮設に入るころから原料不足	シロザケ中心(産地市場)，一部輸入原料魚
販売額	5,000万円	5,000万円	3億円
販売先	協同組合などを経由。一部は大手量販店		問屋(スシネタなど)

資料：聞き取り調査により作成

ネタ作りが，仮設工場ではできなくなり，加えて，原料魚であるサケの確保が困難となった。また，スシネタ作りの技術をもつ従業員を雇えなくなった。物理的な復興の遅れに加えて，産地の流通諸環境の変化に直撃された格好になった。これまでのような高次加工ができなくなり，従来の顧客との関係がほぼ切れた。そのため，仮設工場に入る際に，チリ産ギンザケに原料を切り替えて製品アイテムを揃えるように経営方針を改めた。パック商品の西京漬け，粕漬け，塩麹仕立てなどを少量生産している。

また，C社がサケを中心に据えて復興することがむずかしくなった原因の1つは，水揚げ産地における市場構造の急激な変化であった。いち早く復興を遂げた大手企業がサケの確保に急いだために，零細企業が原料魚を確保するのがむずかしくなった。定置によるサケの漁獲が低迷したために，買付競争が激化し，比較的規模の大きな加工企業でも必要量を得られなかった，といわれる。なお，2014年に入り，チリ産ギンザケが高騰したため，原料を再びサケに切り替えている。

C社はサケを原料魚とするのを諦め，チリ産ギンザケを用いたパック製品の製造に力を入れ始めた。消費者がパサパサ感のあるサケよりも，養殖トラウトやベニザケを用いた加工品を好む傾向にあることも，原料魚を変えた理由である。こうした加工品は協同組合を通じて大手量販店向けに販売されるが，精算期間は最長で40日間かかる。

C社では，チリ産ギンザケを冷凍保管する能力が充分でないことから，東京の輸入商社に保管してもらい，加工に必要な量をその都度取り寄せている。こうした事情から，C社の売上額の回復率は2013年11月時点でも20％以下であった。以前は盛んだったイクラ加工も300 kgにまで出荷量を減らしていた。現在，C社では，八戸から20トンのサバ原魚を仕入れて，味噌煮や煮付け加工を行っている。いずれの商品も加工企業で設立した協同組合を通して販売している。

C社の復興が遅れた原因の1つは，自社有の工場用地をもっていなかったことに加え，自治体の復興計画が定まらず，仮設工場での操業を余儀なくされたことであった。工場の処理能力が低く，得意としていたスシネタ事業を断念せざるをえなかったのである。再開が遅れている間に顧客がほかに流れ，今後の復興が容易ではないことが予想される。

3．中規模以上の水産加工業の復興

4つの企業の被災状況と復興のあり方

岩手県，宮城県に拠点を置く中規模以上の企業を中心に7社に対する聞き取りを行い，うち代表的と思われる4社の事例を表3に示した。震災前はいずれの企業も10億円を超える売上金額をもっていた。G社はそのなかでも群を抜いて規模が大きく，復興のスピードも速かったが，以前の操業規模が大きかっただけに回復率はまだ途上である。

震災前，4社共サケを主要な対象魚種として扱っていたが，D社は急速にその比率を下げている。E社はさほどでもないが，やや扱いの比重を下げている。このうち，E社とG社は冷凍サケ(ドレス，セミドレス)の輸出を行っている。F社は，調査企業のなかではやや特異な企業であり，加工対象魚種は国産および輸入のサケ・マスの両方を中心にしている。宮城県の養殖ギンザケも扱っている。震災復興の過程では，4社とも以前のビジネス形態での復

表３　中規模以上の加工企業の復興状況

企業名	株式会社Ｄ 岩手県	株式会社Ｅ 岩手県	株式会社Ｆ 宮城県	株式会社Ｇ 宮城県(本社)[*1]
事業内容	冷凍冷蔵業，水産加工・販売	鮮魚販売，水産加工	水産加工・販売	水産加工・販売
資本金	1,500万円		2,260万円	5,000万円
売上規模・震災前	12億円	10億円	35億円	68億円[*2]
売上規模・震災後	4.5億円	10億円	25億円	35億円[*2]
売上規模・震災後(回復率)	38%	100%	71%	50〜60%
被災状況	２つの工場全損	本社加工場半壊，冷蔵室全壊	本社社屋，加工場，製氷施設等が全損	グループ加工場，事務所が全壊
操業再開 従業員数	2011/9から順次 45人	2011/5から順次 35名(正規13名)	2011/8から順次 65名	2011/10から順次 190名(正規140名)
加工の概要・(1)対象魚種・震災前	サンマ，イワシ，サケ，イクラ，イカ，イサダ	サケ，サンマ，サバ(切り身など)，メカブ，イサダ	サケ・マス中心	ワカメ，サケ，サンマ，コンブ，イクラ
加工の概要・(1)対象魚種・現在	サンマに重点，イサダとイカは中止	サケ，サンマ，サバ(切り身など)，メカブ，イサダ，スケソウ	サケ・マス中心	ワカメ，サケ，コンブ，イクラ
加工の概要・(2)サケの扱い(原料魚換算)・震災前	2,000トン	？	6,000トン	？
加工の概要・(2)サケの扱い(原料魚換算)・現在	数十トン	80%台回復	80%台回復	5,000トン
加工の概要・(2)サケの扱い(原料魚換算)・近い将来	50%を目標		120%を目標	

[*1] 聞き取りは岩手工場を対象に行った。
[*2] 販売会社の取扱額も含まれる。
資料：聞き取り資料により作成

興を目指したが，Ｄ社ではそれがむずかしいと見ている。

新しい操業形態を模索するＤ社

(1)サケの比重を減らす

震災前のＤ社は，サンマ，イワシ，サケ，イカ，イサダを主な対象魚種として扱っていた。サンマの年間取扱量は3,700トンと多く，次いでサケの2,000トン，イサダの2,000トン，サバとイカはあわせて1,000トンであった。施設では凍結能力60トン/日，チルド５トン/日，冷蔵倉庫7,500トン，加工機械はすべての機械が揃っていたわけではなかった。震災前には，

HACCPの取得を準備するなど，将来に向けて投資をしていた。

震災で施設は全壊したが，D社は2011年9月のサンマ水揚げにあわせた時期を工場の再開時期に設定し，さらに12月のサケ加工に間にあうように操業態勢を整えた。2つの主要魚種を対象にした加工操業を逃すと，復興が1年単位で遅れるためである。しかし，復興過程では，加工対象とする魚種について再検討を迫られた。D社は，最近の水揚げの動き，市場価格の動向などを踏まえ，必要な機械投資，経営資源をどのように効率的に配分するかを考えて，イカの加工，塩からの生産を再開しないことに決めた。2012年度の加工状況は，サンマ1,800トン，サバ200トン，イサダ1,500〜1,800トンまで戻ったが，サケの扱い量はわずか50トンであった。サケは将来的には1,000トンにまで戻す計画ではあるが，実質加工期間が1か月と短いサケを減らす方向を検討している。イサダも，加工過程で出る臭いの問題があり，需要も減っていることから，加工を停止する可能性もある。

サンマは選別して原魚として販売している。サケは，生フィレ，冷凍フィレ，イクラの塩と醤油漬け，寒風干し，冷凍セミドレスの販売もある。サケの仕入れは，雌を8割，雄を2割としている。

震災前後での加工製品の変化は，サケ加工にも見られる。イクラ加工は塩と醤油がほぼ5：5であったが，震災後には，塩の割合を増やして7：3としている。多くの企業が塩イクラを減らし，醤油漬けを増やしているのとは対照的である。質のよいイクラを製造するために，後期群のサケを買い付けることに力を入れている。なお，1〜2月の閑散期には主に輸出向けの冷凍セミドレスの加工が行われる。しかし，水揚げが順調ではないことから，この扱いが大幅に減った。2012年度決算では，サケの売上が震災前に比べて大幅に減少した。そのため，D社では，三陸のサケ産業の復旧・復興は，まったく順調ではない，と判断している。

本来なら，サケとサンマを中心に据えることにより，経営の安定がはかられるはずであった。サンマが終わると同時に，後期群のサケの加工に移行するというパターンを想定していた。しかし，サケの漁獲量が不振であったため，ほかの魚種との調整がむずかしいイサダの加工を続けている。ここでは，

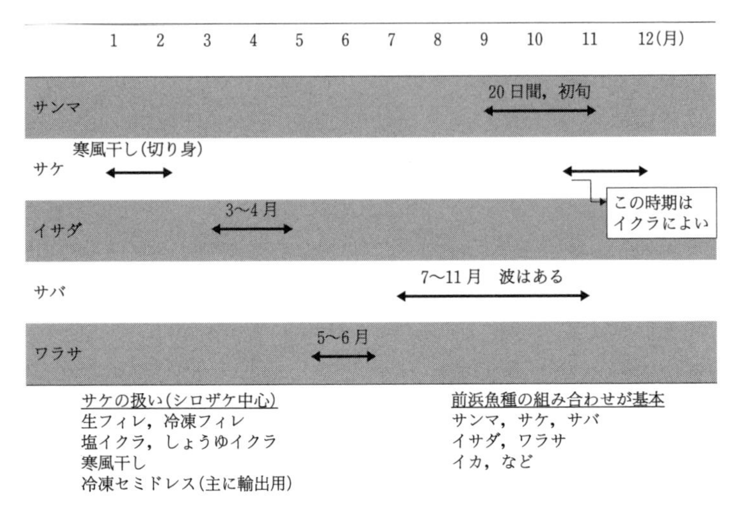

図 4　D 社の加工操業のパターン

従来は可能であった地先資源として得られる有用魚種の組み合わせによる加工場の効率的な稼働，周年操業ができにくくなっている(図 4 参照)。

(2)販売活動と風評被害への対応

サケのフィレやイクラ製品の多くは，約 30 か所の中央卸売市場に向けて出荷される(図 5 参照)。今後もこの販売チャネルが大きく変わることはないと思われるが，塩イクラについては，ネット販売の割合が高い。卸売市場の利用率が高いのは，小規模加工企業と同様の理由である。卸売市場と取引すると，資金繰りのリスクが少なくてすみ，社会的信用も得られると考えている。

地先の資源に依存した加工操業パターンを維持してきたD社は，サケ産業の将来をかなり悲観的に予測していた。経営者は，サケの水揚げ変動を，主にふ化放流事業の問題にしてしまいがちな状況に疑問を抱いている。震災前からサケの水揚げは減少しており，今後も原料魚の確保はむずかしい状況が続く可能性が強い。そのため，加工場が選択する魚種や対象とする製品を，震災復興を機に組み替えざるをえない，と判断している。

このサケ漁に関する考えは，加工場への投資のあり方と深くかかわってく

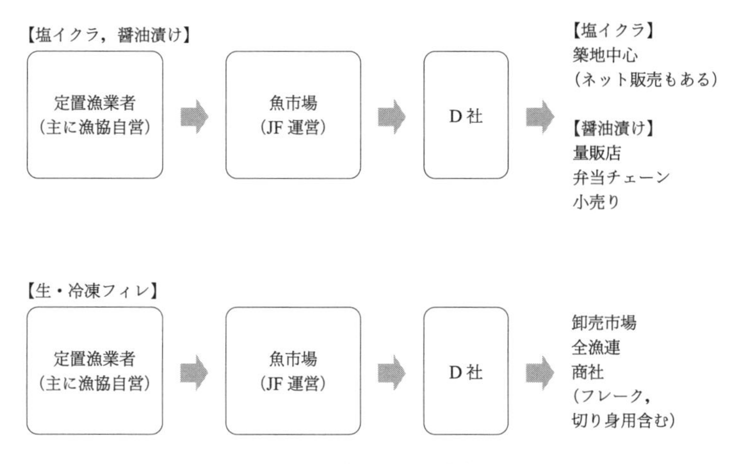

図5　D社のサケ原料魚と製品出荷の主な販路

る。各種の支援・補助制度を利用しながら，省力化のための機械装備の充実に努め，重点となるサンマ加工についてはフル装備の機械投資を行っている。D社は，震災を経て，これまでの職場環境や雇用条件を大幅に見直し，新しい水産加工業のあり方を模索しているのである。

サケ加工の位置づけを強化したE社

(1)加工処理能力の拡大

震災被害を受けながら，工場が全壊にならずにすんだE社は，冷凍庫を比較的早くに復旧させることができた。2011年6月から魚類の買付けを始め，凍結して冷凍庫が一杯になったら販売するという業務を繰り返した。事実上の釜石市の市場の役割を果たした企業である。

この企業は，第1次グループ補助金などを利用したが，復興にかかわる総投資額は9億円近くに達し，その4分の3を補助金で賄った。復興の特徴は，第1に，冷凍庫，冷蔵庫の能力を著しく拡大させたことである。震災前の冷凍凍結能力は，1日当たり25トンであったが，現在は70トンである。冷蔵庫は1,200トンであったものが，4,500トンにまで増床している。また，機械装備については震災以前から進めてはいたが，震災後にはサケとサンマを中心に機械化一貫体系を充実させた。イクラの攪拌機を5台ほど所有している。いち早く生産能力を回復させたことにより，サケの調達能力が以前に増して強まった。本社の機能は1次処理が中心であるが，調査時点では，他地区に切り身など高次加工を手がける工場を建設中であった。

E社の主要加工製品は，震災前後では変わっていない。イクラ(塩，醤油)，サケ冷凍フィレ，冷凍ドレス，生鮮・冷凍サンマ，メカブ，サバの切り身，そのほかの魚種についてはラウンドが多い。以前は，サケの冷凍ドレスを輸出していたが，現在の輸出魚種はサンマ，スケソウ，ハタハタなどである。

E社は，もともとこの地域において，雌のサケを大量に購入する力をもつ企業である。E社の特徴は，ほかの企業のように雄と雌の両方を買い付けるのではなく，早期群のサケ雌の買付けと加工にほぼ機能を絞っていることである。生・冷凍フィレを出荷するが，これも雌ガラ(イクラをとったあと)の利用である。原料の買付けは，釜石地区中心だが，大船渡，山田，大槌からの買付けも一部ある。

表4は，E社の主なサケ製品の出荷を簡単にまとめたものである。イクラは塩が2割，醤油漬けが8割となっている。以前は，冷凍ドレスを中国でフレークにするための輸出を行ったが，現在は，中国の人件費が上昇したために，他地域にあるグループ企業に送って加工している。冷凍フィレは切り身

表4　E社の主なアキサケ製品の加工出荷

<table>
<tr><th>製品名</th><th>販売単価</th><th>昨年出荷量</th><th>原料(単価，移入先)</th><th>主な販売先，チャネル</th></tr>
<tr><td>(1)イクラ(塩)</td><td>6500～6600/kg</td><td rowspan="2">全体で40トン。2：8の割合で醤油漬けが多い</td><td rowspan="2">250トン(メス)</td><td rowspan="2">5～10トンを地元に回す。小売，量販店など。全体的には東京・仙台など</td></tr>
<tr><td>(2)イクラ(醤油漬け)</td><td>5000～5500/kg</td></tr>
<tr><td>(3)冷凍フィレ</td><td>350～600/kg</td><td rowspan="2">全体で160トン。ドレスのほうが多い</td><td>切り身用</td><td></td></tr>
<tr><td>(4)冷凍ドレス</td><td>200/kg</td><td>加工用</td><td>(2012年)輸出はなかった</td></tr>
</table>

資料：聞き取り調査により作成

業者に販売している。

販売過程の特徴は，直接取引にともなうリスクを減らすために，地元市場では漁連系の団体を介した帳合の形をとる。手数料が3%必要となるが，資金回収は確実に行われる。築地市場，仙台市場を経由させる場合も，相対取引が基本になっており，既に販売決定済みである。多数の相手先との取引になるために，仲卸を通した販売形態をとるのが一般的である。これも資金回収が確実となる。

(2)新たな機能を果たし始めた産地加工

E社は，三陸沿岸漁業の多獲性魚種の1次加工処理を担う企業としての性格が強く，国内の2次加工業者に対して半製品や原料を提供してきた。震災復興を機に，輸出用の冷凍魚を商社を通して輸出する機能を強化している。サバ，スケソウ，ハタハタなどは，主にラウンドで輸出している。輸出にともなう代金決済は日本円で行われ，商社が証明書類の準備や輸出業務全般を担当している。

三陸沿岸の水産加工業の新しい機能として注目されるのは，ハタハタのように，ほかの産地から原魚処理を依頼されていることである。もちろん，震災以前からその機能を備えた産地加工企業はあったが，E社のように，広域集荷によって規模の経済を発揮する加工企業が増えている。こうした加工企業が，今後どのように，多獲性魚種を選別して，複数チャネルで販売していくのかが注目される。

総合的なサケ加工企業の動き——F社の事例

(1)総合ビジネスの回復の試み

宮城県に位置するF社は総合的にサケ加工業を営み，震災前から原料を幅広く集荷していた。サケのほかに，宮城県の養殖ギンザケ，チリ産の冷凍トラウトを買付け，サケ製品の周年加工体系を早くから確立し，成長を遂げてきた企業である。

震災前には2つの工場をもち，2000年代初めには1つの工場でHACCPを取得していた。敷地内には製氷工場を併設し，内陸部の工業団地には

1,000 トン規模の冷蔵庫を所有していた。震災直前のサケの年間取扱高は原料ベースで 6,000 トン，サケ加工とその製品の販売を中心にした業務体制を敷いていた。震災では，内陸部にあった冷蔵庫以外はすべて被災した。

F 社の特徴は，サケ加工にかかわって，3 つのビジネス・モデルを組み合わせていることである。

第 1 は，ほかの企業と同様に，周辺の漁港はもとより，青森県や岩手県などからサケを買い付けて加工・販売する，広域産地加工業者としてのビジネスである。第 2 は，周辺にあるギンザケ養殖経営体との間で系列関係をもち，集荷してブランドで販売していることである。ただ，F 社の場合は，ほかのインテグレーターのように，種苗・餌料供給から集荷まですべての過程に関わるのではなく，比較的緩い系列関係を維持している。養殖ギンザケを販売・加工するビジネスである。第 3 は，サケ・マスを扱う他企業から委託加工を受けるビジネスである。以上のビジネスの関係を示したのが図 6 である。

F 社の復興目標は，基本的には，サケ・マスの加工を経営の中心に据えて，以前の工場が備えていた能力の 120％を実現することである。震災前から従

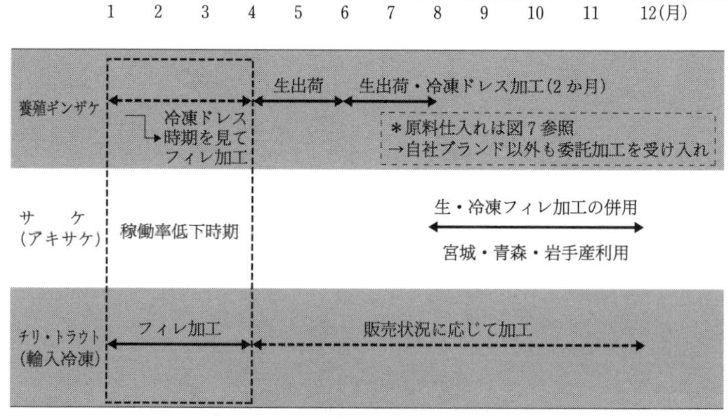

・三陸サケ産業の発展形態として比較的規模の大きな加工企業が取り組むケース。
・三陸サケは養殖銀ザケとシロザケ(アキサケ)。
・加工企業によっては，工場稼働率，市場ニーズに対処するために，原料を，北海道のアキサケ，海外産にも求める動きが以前からあった。

図 6　F 社の操業パターン

業員不足であったため，既に原料魚の選別・切断，フィレ加工など，省力化のための設備投資をしていた。復興過程では，フィレ・マシンを中心に再投資し，カッターから内蔵取り機，包装用機械までの一貫機械体系を整えた。個別投資が中心ではあるが，ほかの水産加工企業と共同して内陸部にも施設投資をしている。

F社が早い段階で復興に着手できたのは，内陸部にある同社の冷凍庫に，サケ，チリ・トラウトを保管してあったことによる。2011年，養殖ギンザケを調達することはできなかったが，保管原料を用いて加工を再開することができた。被災から工場再開までに5か月間を要しただけで，原料を供給する海面養殖業，定置漁業の復旧を待つ必要はなかった。工場を再開させることにより，他社からの委託加工を受けることもできた。

(2)養殖ギンザケの系列とサケ加工

図7は，同社が扱う養殖ギンザケの加工・流通を示したものである。F社は系列をもち，傘下には数社の海面養殖経営者がいる。そこから原料の供給を受けて加工して，独自のブランドで流通させる。期間は4月初旬から7月一杯，ギンザケのフィレのサイズは1.2〜1.3 kgが主流である。6〜7月は

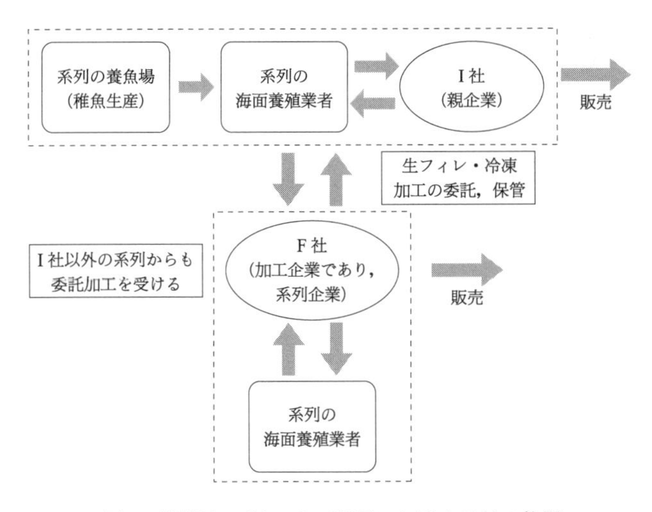

図7　養殖ギンザケの加工流通におけるF社の位置

生出荷とドレス加工となる。ドレス加工されたギンザケは冷凍保管し，需要などを見ながら解凍してフィレ加工して出荷する。一方，F社はほかの系列からの委託加工を受け入れ，宮城県にある養殖ギンザケの3つのブランドに深くかかわっている。

養殖ギンザケが終了する8月ごろからは，サケが入り始める。調達先は青森県，岩手県にまで広がり，生と冷凍のフィレを中心に加工する。輸入原魚は主にチリのトラウト，製品はフィレが中心だが，ロイン加工もある。F社は，1～4月の加工場の稼働率が低下する時期に，冷凍のサケと共に，輸入サケ・マスを加工している。

2012年には原魚換算で5,000トン強を扱い，その内訳は，サケが最も多く2,000トン，養殖ギンザケと輸入サケ・マスがほぼ同量となっている。扱う製品で多いのが生フィレ8割，次いで冷凍フィレ，無塩冷凍，塩漬冷凍，ロインと続く。イクラ製品の加工は行っていない。

震災前の売上高と比較し，2011年(2012年2月決算)は45%の落ち込みにとどまった。年間加工量は5,200トン(2回加工の原料も含める)，内訳はギンザケ1,750トン，サケ2,000トン，チリ・トラウト1,550トンであった。量的には震災以前の延べ加工量6,000トン水準に近づいている。

このような操業形態をF社は1990年代初頭には既に導入していたとされ，当初は，養殖ギンザケとサケを扱って操業期間を長くし，さらに輸入のチリ・トラウトを組み込んで通年操業を実現したのである。量販店などのサケ・マスの年間需要に応えるという点で画期的なビジネス・モデルであり，F社はその先駆けとなった。

サケの広域集荷と東アジアとの分業関係――G社の事例

(1)震災後に早期復旧を果たしたG社

G社は，宮城県と岩手県に工場がある大規模な水産加工企業であり，早くからISOやHACCPを取得するなどしてきた。2011年大震災ではG社のほとんどの施設が被災し，半年間は何も生産・出荷できない状況に陥ったが，2013年3月時点で岩手県の工場を中心に復興させていた。復興した工場は，以前と同じようにHACCPとISO9001を取得している。G社全体で冷凍能力200トン/日，冷蔵収容能力2万2,000トン/日，取扱製品と数量は，ワカメ5,000トン，コンブ2,000トン，サケ5,000トン，サンマ4,000トン，イクラ1,000トン，などである。

G社のサケ加工は，フィレのほかに，イクラ，筋子，フレークなどに加え，輸出用冷凍ドレスの加工もある。サケは基本的に国内産を用いており，岩手県および北海道の定置漁業による水揚げである。養殖ギンザケ，輸入サケ・マスの扱いはない。サケの買付けは岩手県内が全体の5〜6割，残りが北海道となる。筋子はアラスカ産・ロシア産などの輸入冷凍原料も扱っている。輸入原料を扱うメリットは，選別済みであり，必要なものだけを買い付けられる点にある。

G社は，水揚げ産地に立地しながら，その機能は総合的な水産食品製造業としての性格が強い。

(2)サケ冷凍ドレスの輸出と加工

震災前には，G社の冷凍ドレスの輸出量が5,000トンに達していたといわれる。国内でも有力なサケの冷凍ドレス加工・輸出業者であるが，震災後は冷凍ドレスの輸出が減り，中国向けは1,000トン程度にまで落ちた。中国では，一部はサケ・フレークの調整品に加工されて，日本に再輸出される。G社は，冷凍ドレスを，フレークにしてブロック凍結にするまでを海外の企業に委託している。これは，同社および三陸沿岸の水産加工業では，国際分業による方が，経済効率がはるかに高いと判断していることによる。G社は，輸入したフレーク・ブロックを協力工場に委託してフレーク調整品に仕上げる。同社が担当するのは，サケの買付けから冷凍ドレスまでの処理であり，最終加工と製品の販売は別会社が担当する(図8参照)。

岩手県の水産加工場においても，北海道と同じように，サケを冷凍ドレスまで加工して，中国をはじめとする東アジアの水産加工拠点国に輸出している。E社は，中国の水産加工業の賃金水準が著しく上昇したことから，国内のグループ企業に加工を委ねようとしていた。今後G社は，中国以外の国との間で，新しい分業関係を築く可能性がある。

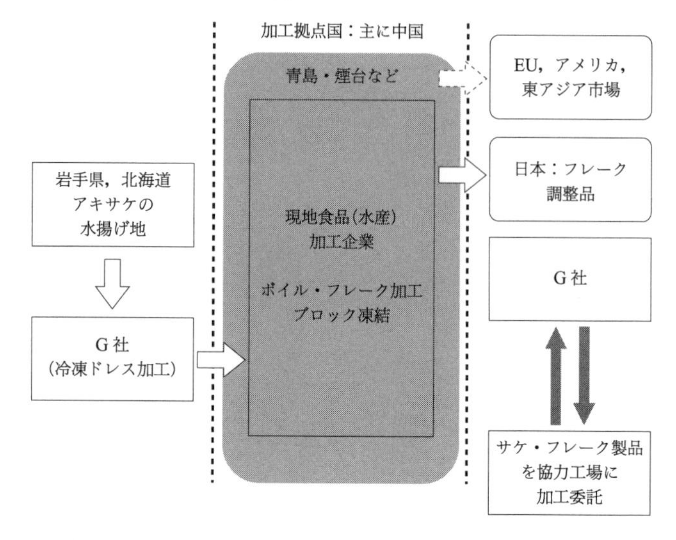

図8　岩手県G社のサケ冷凍ドレス輸出，東アジア加工拠点との役割分担

3．複線的な三陸サケ加工業の復興過程

水産加工業の復興状況

三陸の水産加工業では，季節的に水揚げされる前浜資源としてサケを扱う企業は多い。震災で被災した水産加工場のなかには，アキサケ漁が開始される時期を目標に復興を急いだ企業が少なくない。ただ，岩手県では，2011年秋のサケの水揚げ量が予想以上に少なく，2012年の水揚げも7,700トン程度であった。前浜資源であるサケを組み込んで操業パターンを作りあげてきた加工場の操業率を低下させ，原料供給の不安定さが，経営に重くのしかかってきた。企業によっては，操業パターンからサケの比重を下げるか，集荷範囲を広げて原料を確保するなどの対応を迫られた。聞き取り調査をした加工企業の経営者のほとんどが，サケ漁の水揚げの不安定さを経営の阻害要因と考えており，サケ産業の復興が順調ではないと考えていた。

ところで，水産加工企業が復興過程で直面した問題や課題は実にさまざまである。工場立地，施設，原料調達，製品出荷，従業員確保などで，どのような問題に直面したかを聞いた。

表5に示した小規模加工企業の場合，ビジネスの中心が鮮魚出荷や手作業によるフィレ加工であったこともあって，立ち上がりは比較的早かった。鮮魚出荷を手がける企業としては，A社もB社も規模は違うが，それぞれ前浜資源を利用して復旧をはかった。B社が立地する釜石市では，サケの水揚げ量が充分でなかったために，他港からの買付けが必要であった。また，震災後，定置漁業とカゴ漁業以外による水揚げが減少し，漁業生産の構造に変化が生じている。

A社もB社もこまわりの利く対応を続けた結果，震災前に比べて売上を伸ばしている。もちろん，当初は資材や氷などの調達に困難がつきまとった。

事例で触れたように，C社の復興の遅れが目立つが，工場用地の確保が思うように進まなかったことに加え，サケを原料魚として調達できなくなった事情が同社の復興を妨げた。そのため，C社は原料を輸入ギンザケに切り替えた。高次加工に取り組んできた加工企業ほど，工場損壊の損失を容易に回復できないでいる状況が浮き彫りになる。また，工場復旧が遅れたために，震災前に開拓した販路と顧客を失い，回復できないでいる状況が見られる。

一方，表6に示したように聞き取り調査をした規模の大きな企業は，いずれも工場が全壊，ないしは半壊以上の損害を受けていたが，自己資金と補助金などを利用しながら工場を早期に立ち上げている。小規模企業と比べて，早い時期に補助金などを得ている。どの企業も，施設，冷凍・保冷庫などを震災以前に比べて拡張しており，省力化に向けた機械投資に力を入れている点が共通している。機械化は震災以前から進んでいたが，復興のための補助金などを利用しながら，サケ，サバ，サンマをはじめとする機械利用体系を確立させている。

従業員確保では，周囲に市街地がなくなり，仮設住宅が遠く離れた漁港周辺の加工企業ほど苦労している。D社では，契約社員の正社員化をはかり，従業員の多くを占める女性に優しい職場環境を目指し，また，幹部職員の若返りをはかっている。F社は，従業員の確保に関してはハローワークばかり

表 5　小規模加工企業が復興途上で直面した問題

	A 社	B 社	C 社
工場立地	すべて流出。土地は県有の水産団地。かさあげを待っていられなかった。残った基礎部分を利用して加工場を建設。	全損の後，2012 年 9 月に現在の仮設加工施設を利用。それまではスーパーの一角で作業。	全壊。県有地での再建ができず，2012 年 10〜11 月に仮設工場に入居。現在はある企業の敷地を借りて，仮設の工場を建設。今後も高台移転の話が出てくる可能性。
施設，冷凍・保冷庫など	手作業による鮮魚出荷が中心，大きな機械施設は特に必要なし。排水浄化施設は再建。	冷凍保管庫，冷蔵庫(1 坪)，冷蔵トラックなど。	冷凍・冷蔵庫はコンテナを使用。施設・機械が不足し，規模を縮小したために，これまでの顧客を失った。
原料調達	大船渡漁港に水揚げされた魚種を利用。再開した業者同士で，原料を分けあう。氷は内陸部から購入，発砲スチロールもほかから調達。	サケの水揚げが減少。仲卸から買い付けているが，地元だけでは間に合わない。定置，カゴ以外の個人の漁業者が減少し，魚の買付けがむずかしい。	アキサケの水揚げが安定しない。特定の業者が水揚げを買い占めて手に入らない。輸入サケ・マスによる加工に切り替えた。
製品出荷，販売先	特に困ったことはなかった。	売上金額は以前に比べて増えた。	グループを通じて販売。加工業者が少なくなったため，運送トラックが減便。中継をせざるをえない。
従業員確保	再開の状況に応じて人を雇用。60 歳以上が多い。	少人数なので確保はできた。地域全体では復興事業への雇用流出がある。	常時ハローワークには出している。住居から離れており，海の側に立地しているので，集めにくい。
資金調達	自己資金で加工場を再建。第 5 次で審査を通り，以前のもにも適用された。ヤマト財団からフォークリフトの提供を受けた。二亘債務は 15 年買い取りで決着。	グループ補助金は遅く，2013 年に第 4 次で受けた。法人登録をせずに対応。	補助金，借入金で対応。債務をまず返済した。
風評被害	アキサケはなかったが，タラはセシウムが検出。書類の提出を求められた。県，市場の検査のほかに，自社でも何回か検査。	2012 年クロソイから検出，これが影響した。釜石では毎週に検査しており，風評は落ち着いた。	特にはない。

資料：2013 年 7，8 月の聞き取り調査により作成

表 6　中規模水産加工企業が復興途上で直面した問題

	D 社	F 社	E 社	G 社
工場立地	工場の土台，柱，天井が残ったので，それを利用して工場を建設。	被災した工場跡地を利用。	大規模半壊。2 階の冷凍機があり，早くに復旧。冷蔵庫は被害なし。	グループの加工場・事務所 12 か所が全壊。工場があった場所に建設。
施設，冷凍・保冷庫など	対象魚種を絞って機械を導入。補助金交付の決定時期と投資の時期にズレがあった。機械の種類は増えた。	冷凍保管施設が残り，2 つの工場を建設。省力化のための機械投資。	冷凍庫，冷蔵庫の能力を拡大。凍結能力 70 トン。冷蔵庫 4,500 トンに。サケ，サンマ，サバを機械処理できる体制。	岩手県に工場を集約して建設。原魚処理から加工まで一貫して生産する体制へ。突貫工事で再開を急いだ。
原料調達	漁獲量の変動以外は特に苦労はなかった。工場を少しずつ再開したため，漁獲漁業の復興のテンポとあっていた。	冷凍庫にアキサケ，輸入トラウトを保管，これを利用して再開。ギンザケは調達できず。	市場に替わって魚の買付け，保管，販売を担当。原料調達では優位になった。	サケなどの原魚を北海道から調達。地元周辺では賄えない。以前どおりの魚種を扱えない。
製品出荷，販売先	苦労はなかった。量販店など引き続き取引があった。	休業期間が短かったためにこれまで通りに取引できた。	この地域で水産物を扱う企業がほとんどなく，困らなかった。	半年間は出荷できない状態。その間に販路を奪われたケースもある。
従業員確保	全員解雇して，事業再開にあわせて雇用。正社員化し，女性に優しい職場環境にするように努めた。若い人の能力発揮を目指す。	従業員確保はかなり苦労。ほかの雇用先に流れた。外国人労働者，アルバイトなどを入れて対応。周辺に住居がなくなったために，通勤が不便になったことも影響。	従業員は以前と同じ 35 人体制。規模拡大をしているため不足状態。女性従業員の確保がむずかしく，従業員の高齢化が進む。	思った以上にむずかしい。住居の移動，ガレキ処理などに職を求める傾向が強く，賃金を引き上げて対応。
資金調達	2 重債務は複数年かけて解決。グループ補助金と中小企業庁の資金を利用。	最初の工場は 2011 年度内に補助金を得て建設。別の 1 棟は自己資金。	第 1 次グループ補助金を利用。4 分の 3 を補助金。二重債務はそのまま返済。	見切り発車で投資。機材なども震災後すぐに発注。中小企業庁などからの資金を得た。
風評被害	サンマの原料(ラウンド)は風評被害が大きかったが，減った。検出規準を 50 ベクレル以下に設定。西日本の魚は安全という口コミがあり，市場になかなか入っていけず。検査証の発行要請はなくなっている。	西日本が特にひどかった(九州は除く)。関東市場では大手量販店の助けがあったので，比較的順調に回復。	西日本での販売が困難に。韓国向けのサバ，スケソウ(鮮魚)を北海道産に代替。週 1～2 回の放射能検査。	魚卵については風評はなかったが，ワカメは関西以西で販売が回復せず。サンマの輸出も影響を受けた。

資料：2013 年 3，8，11 月の聞き取り調査により作成

ではなく，人材派遣に関する諸ルートを利用している。当然，賃金水準は上昇している。

サケについては，水揚げが不振であったことから，主要水揚げ漁港での買付け競争が激化した。今後は漁獲規制を実施してサケの資源保護をはかり，併せて，回帰率を引きあげるなどの対応が必要との指摘があった。

販売先の確保については，一部販路を確保できなくなったケースもあるが，概して販売先を維持していた。しかし，風評被害については，各企業共厳しい状況に直面していた。九州を除く西日本市場への販路がほぼ絶たれ，容易に販路が再開できないという状況にあった。輸出を行っていた企業では，サバ，スケソウ，サンマなどを一時輸出できなくなった。放射能検査は各企業とも実施していた。風評被害がいくぶん落ち着いてきたのは2013年ごろからである。

三陸サケ産業のクラスター的発展に向けて

三陸のサケ産業は，この地域が単なる産地加工基地としてその機能を専門化させるか，それとも，ほかの産地や消費地との連携をもとに，高次加工を前提とする中食・外食産業への対応を可能とする総合サプライ・チェーンの拠点として成長しうるか，重要な岐路にたっている。

山尾・天野(2014)が分析したように，三陸のサケ加工を含む三陸の水産加工業は，復興過程で施設・機械を充実させて，その処理能力を著しく高めてきた。従来から，三陸サケ産業には原料魚の大きな3つの流れがあった。第1は，三陸に水揚げされるサケに加え，北海道からも原料魚が集積されてきている。加工されて国内はもとより，G社のように，規模の大きな加工処理能力を備えた企業では，冷凍ドレス，冷凍セミドレスなどとして中国，タイ，ベトナムなどに加工原料として輸出される。

第2は養殖ギンザケであり，北海道や海外から発眼卵が取り寄せられて，岩手県・宮城県などで孵化される。育成された稚魚が宮城県沿岸に設置された海面生け簀に移されて養殖される。約1万1,000トン前後であるが，主に生鮮・冷凍フィレとして首都圏をはじめとする全国の卸売市場に向けて出荷される。

第3は，輸入サケ・マスであり，E社やG社のように，サケやギンザケを扱う加工企業にとっては定量で加工出荷できる原料となる。また，サケやギンザケの買付けがむずかしい零細な加工業者にとっても，輸入サケ・マスは有用な原料になる。

三陸はこうした3つのサケ・マス原料魚が合流して加工される場である。もちろん，個別企業でこの3つの部門を併存させているわけではない。企業によっては地元資源であるサケにこだわり，イクラをはじめとする加工製品を生産しているところもある。一方，消費市場における多様なサケ・マス需要に応えるために，国内産原料よりも，輸入原料(主にチリ・ギンザケ)を利用して製品開発をはかる企業も多い。あるいは，大量に漁獲されるサケを主にセミドレスなどの冷凍原料として，中国，タイ，ベトナムなどに輸出するビジネスも活発になった。三陸のサケ加工業の存在形態は多種多様である。

三陸のサケ産業の特徴は，第1に，首都圏や国内の主要都市市場からは遠隔地にある北海道の産地とは違い，サケ，養殖ギンザケ共に生鮮出荷の割合が高いことである。大量に水揚げされるアキサケについても，生フィレで出荷する体制が整っていた。第2には，サケの漁獲にあわせて加工操業する大小さまざまな企業が，主要水揚げ港の周辺に多数存在することである。サンマ，イカ，イサダなど，季節が競合しない地先の魚種を効率よく組み合わせて操業する加工企業が多く，豊富な水産資源に立脚した水産加工業の発展が見られた。震災からの復興過程では，この効率よい地域資源依存型の水産加工業を維持するために，経営者や従業員がこれまでにいかに努力を積み重ねてきたかが，再認識された。

第3には，サケを扱う加工場は，家族労働力を中心とした零細なものから，アジアはもとより欧米や中東への輸出も対応可能な，資本規模の大きな企業まで多様である。イクラや筋子を扱う加工場のなかには，事業規模は零細だが，優れた品質と味をもち，ブランド品として広く流通させている企業も見られる。その一方，早くからHACCPをはじめとする国際認証を取得し，従業員不足を補う対策を講じて機械化を進め，サケ，ギンザケ，それに輸入サケ・マスを効率よく組み合わせて操業する加工企業も目を引く。それらが集積されて三陸サケ産業の中核を構成しているのである。

今後，これらの水産加工企業群が，この地域のサケ産業をどのように牽引していくのか，復興過程のあり方を含めて，検討する課題が残されている。

[参考文献]

鴻巣正. 2013.「漁協を核とした漁業復興と協同組合の意義―岩手県における漁業・漁村の復旧と漁協の動向から」,『農林金融』第66巻第6号(通巻808号)：2-18.
清水幾多郎. 2013.「三陸水産業の鍵を握る岩手の秋サケと宮城の銀ザケ」『平成24年度中央水産研究所研究成果集　研究の動き』第11号：4.
北海道定置漁業協会. 2014.『平成24年度サケマス流通状況調査報告』.
山尾政博・天野通子. 2014.「三陸水産加工業の復興過程にみる新たな動き―サケ産業のクラスター的発展の可能性を探る」『国際化に対応できる食糧産業クラスター形成による水産業・漁村の振興』.

おわりに

今回の東日本大震災は未曽有の大災害であり，そのなかでも東北太平洋沿岸を襲った大津波は，三陸地方の水産業にこれまでに経験したことがない甚大な被害を与えた。この大津波は，放流直前のシロザケ稚魚を飼育していたふ化場を容赦なく襲い，三陸のサケ増養殖事業に壊滅的な被害を与えた。今，三陸のサケ水産業関係者は，この震災の影響を最も受けると考えられる，2015 年秋のサケ漁獲量を憂慮している。

北海道の石狩川支流千歳川でシロザケのふ化事業が本格的に始まったのは 1888 年のことである。そのすぐ後に岩手県でもシロザケのふ化放流が始まった。これまでも，サケ増養殖に関する書物は数多く出版されているが，本書が企画された目的はそれらのものとは明らかに異なる。ここでは，サケ研究者が未曽有の災害から一日も早く復旧・復興することを願って，懸命に取り組んでいる研究の途中経過が述べられている。すなわち，現在まさに進行中の，その多くはいまだ公表されていない研究成果が本書には収められている。もちろん，個々のプロジェクト研究の立案に至った背景も詳細に述べられているので，読者はサケ研究の各分野の現状と課題についても容易に理解することができ，三陸地方のサケ漁業について広い知識を得ることができる。

実は，三陸地域におけるサケ水産業は今回の大震災の前から深刻な課題を抱えていた。シロザケの回帰尾数が 1996 年をピークに急激に減少し，2010 年には最盛期の 5 分の 1 までに落ち込んだのである。その間，放流尾数はほとんど変わっていないというのであるから，何らかの原因で回帰数が大幅に減少したと考えて間違いがない。三陸のサケ漁業がこのような困難な状況にあるなかで，今回の大津波は起こった。なお，このシロザケ回帰尾数の減少は三陸のシロザケに限ったことではなく北海道など国内のほかの地域でも同様な傾向である。したがって，三陸地方，ひいては日本のサケ水産業を復旧・復興させるためには，シロザケの回帰率を高めることが最大の課題の1つといえるのである。本書は，このような課題を克服すべく震災直後から実施されている，(独)科学技術振興機構(JST)の復興促進プログラム(産学共創)「東北地方の高回帰性サケ創出プロジェクト」からの研究成果が主体となっている。

日本には，4種の太平洋サケが生息するが(序章)，このうち本書では三陸サケ漁業の代表種であるシロザケとサクラマスが主に対象となっている。まず，岩手県のシロザケ漁業(第1章)と三陸のサクラマス漁業(第2章)について，歴史と現状が述べられている。特に，大津波によって大きな打撃を被ったシロザケについては，ふ化場の被害と復旧の詳しい状況とともに，そのシロザケ資源の復活には増殖事業における新たな仕組みや技術の導入が必要であることが強調されている。

次いで，第3章から第5章までは，高回帰性サケを作出しようとする新たな試みが紹介されている。まず，取り上げられているのが閉鎖循環式陸上養殖であり，このシステムは低水温，良水質をコントロールできるばかりでなく，少ない水量で飼育できること，環境に対する負荷も少ないというのが特徴とされる。この技術が急峻な地形が多い三陸沿岸のシロザケ・サクラマスの増殖事業に取り入れられれば，三陸沿岸のサケ・マス漁業に新たな展開が期待できるだろう(第3章)。一方，回帰率をあげるためには，健康で大型のサケ稚魚を育成して放流する必要があるとの考えから，シロザケの成長を制御する内分泌系である成長ホルモンとその標的器官である肝臓でのIGF-1生産系などに焦点が絞られた研究が推進されている(第4章)。

サケ科魚類は，稚幼魚が生まれた川(母川)の何らかの要因を記銘して降河し，親魚が繁殖のため記銘した要因を頼りに高精度で母川を選択して遡上する母川回帰性を有しているのが特徴である。サケ科魚類の人工孵化放流事業は，シロザケのこのような母川回帰性を利用して開発されたものであり，この成功によりサケ・マスは，わが国の重要な水産資源となったのである。しかし，サケ科魚類の母川回帰機構には，依然として不明な点が多く残されており，生物学上の大きな謎の1つである。そこで，第5章では，シロザケの母川回帰にかかわる制御因子が同定されつつある，最新の先端的研究成果が紹介されている。そのなかで，この基礎研究の成果をシロザケ増殖の現場に活かそうとする試みも記されている。去る2013年5月10日に，これら制御因子を与えられ，母川のニオイを記憶する能力を高められたサクラマス幼魚1,500匹が岩手県九戸郡野田村の安家川より試験的に標識放流された。この標識サクラマスが安家川に戻ってくるのは2014年の秋であり，現在その成果が取りまとめられている。

第6章では，大震災の復興を願って2012年より毎年開催されている「さーもん・かふぇ」で議論された内容がまとめられている。ここでは，大震災で大きく攪乱された三陸沿岸生態系が回復する過程を長期間にわたってモニターすることの必要性が強調されている。そのうえで，河川生態系の生物多様性の保全，さらには，自然選択に強く，環境変動への適応力が高い野生魚を大事に保存すること，の重要性が提言されている。そうすることが今後懸念される温暖化の脅威に対処することにもつながるというのである。

第7章では，震災直後から新たに始まった遺伝学的研究の成果が記されている。サケ類の資源管理と生産増大には，それぞれの河川に遡上するシロザケの遺伝特性(遺伝的集団構造，多様性など)を詳しく調べる必要があるが，三陸サケに関するこのような試みはきわめて少ない。三陸各地の河川に生息するシロザケとサクラマスを分子集団遺伝学的アプローチにより解析した結果，対象とした三陸地方の全体にわたり均一な遺伝的集団構造をもつものではなく，大きないくつかの遺伝グループや，その遺伝グループ内でもさらに細分化された地方集団が存在することが明らかになった。これらの遺伝的解析結果と第5章で述べたシロザケの母川回帰性を考えあわせると非常に興味深い。今後，同様な遺伝的解析方法を用いて，震災前と震災後のサンプル間の比較を行うことができれば，三陸サケ資源に対する震災の遺伝的影響を明らかにすることができるであろう。

今回の東日本大震災では，三陸水産業の流通・加工も深刻な影響を被った。この大震災によって破壊された岩手県の水産業と漁村社会の復興をはかるには，生産から流通・加工の動きを踏まえた，サケ産業の総合的な再生が求められる(第8章)。次いで，第9章では，シロザケを主な対象魚種とする水産加工業の震災後の復興状況に加え，震災後に生じている三陸サケ産業の大きな変化を分析しつつ，三陸の復興・発展戦略として，未来型産業のモデル地区「三陸サケ産業のクラスター形成」に言及している。

本書が完成に近づいた11月中旬，私のもとに1冊の刊行物が届いた。「岩手大学三陸水産研究センター年報」の創刊号(第1号)である。このセンターは岩手大学が文部科学省の支援を得て，東京海洋大学と北里大学と連携して推進している「SANRIKU(三陸)水産・教育拠点形成事業」の中核施設となるものであり，いわば将来にわたって「三陸水産のシンボル」として期待される研究・教育施設である。このセンターでは，すでにサケについての先端的研究が開始されており，本編で取りあげたサケ研究プロジェクトの一部もここを中心にして展開されている。

あらためて振り返ると，三陸の水産業はシロザケ漁業に大きく依存していることが浮き彫りとなる。したがって，シロザケ資源の回復は三陸復興にとって最大の課題の1つであり，その抜本的解決にはシロザケ親魚の母川回帰数を増やすことが不可欠である。「はじめに」でも触れられているように，東日本大震災の後，いくつかの復興プロジェクトがJST，文部科学省，農林水産省などの支援を受けて推進されている。これらの研究プロジェクトにかかわるサケ研究者は，今こそ緊密なネットワークのもとに協力し合い，この問題の解決に全力を尽くさなければならない。そのことがひいては日本のサケ水産業のさらなる発展へとつながるのである。

2014年12月24日

愛媛大学社会連携推進機構教授・愛媛大学南予水産研究センター教授・
岩手大学客員教授

長濱嘉孝

索　引

【カ行】

【サ行】

【タ行】

【ナ行】

【ハ行】

【マ行】

【ヤ行】

【ラ行】

【N】

【O】

【P】

【S】

【T】

執筆者紹介（五十音順）

阿部周一（あべ　しゅういち）
岩手大学三陸復興推進機構三陸水産研究センター特任教授・
北海道大学名誉教授　理学博士
第 7 章執筆

天野通子（あまの　みちこ）
原稿提出時：愛媛大学社会連携推進機構南予水産研究センター助教
現在：広島大学大学院生物圏科学研究科助教　博士（学術）
第 8・9 章執筆

上田　宏（うえだ　ひろし）
別　記

帰山雅秀（かえりやま　まさひで）
北海道大学国際本部特任教授・北海道大学名誉教授　水産学博士
第 6 章執筆

秦　玉雪（Qin Yu-xue）
北海道大学大学院農学研究院特別研究員　博士（水産科学）
第 6 章執筆

小出展久（こいで　のぶひさ）
北海道立総合研究機構水産研究本部さけます・内水面水産試験場専門研究員
第 3 章執筆

清水勇一（しみず　ゆういち）
原稿提出時：岩手県水産技術センター漁業資源部主任専門研究員
現在：岩手県農林水産部水産振興課主任
第 1 章執筆

高橋憲明（たかはし　のりあき）
岩手県内水面水産技術センター主任専門研究員
第 2 章執筆

田村直司（たむら　なおし）
岩手大学研究交流部三陸復興支援課産学官連携専門職員
第 8・9 章執筆

塚越英晴（つかこし　ひではる）
岩手大学三陸復興推進機構三陸水産研究センター特任研究員　博士（水産科学）
第 7 章執筆

長濱嘉孝（ながはま　よしたか）
愛媛大学社会連携推進機構教授・愛媛大学南予水産研究センター教授・岩手大学客員教授　水産学博士
おわりに執筆

畑山　誠（はたけやま　まこと）
北海道立総合研究機構水産研究本部さけます・内水面水産試験場研究主幹
第3章執筆

三坂尚行（みさか　なおゆき）
北海道立総合研究機構水産研究本部さけます・内水面水産試験場主査
第3章執筆

森山俊介（もりやま　しゅんすけ）
北里大学海洋生命科学部教授　水産学博士
第4章執筆

山内晧平（やまうち　こうへい）
愛媛大学社会連携推進機構教授・愛媛大学南予水産研究センター長・岩手大学客員教授　水産学博士
はじめに執筆

山尾政博（やまお　まさひろ）
広島大学大学院生物圏科学研究科教授　農学博士
第8・9章執筆

上田　宏（うえだ　ひろし）
1951年生まれ
北海道大学大学院水産学研究科博士課程単位取得退学
北海道大学北方生物圏フィールド科学センター・大学院環境科学院教授
水産学博士・医学博士
産卵回帰性魚類（サケ・ニホンウナギ・トラフグ）を用いて，産卵回帰機構に関する魚類生理学的研究，および産卵場・成育場の環境保全に関する環境生物学的研究を行っている。産卵回帰性魚類をモデルとして，最新の動物行動学・生殖生理学・感覚神経生理学・分子生物学的手法を用いて，産卵回帰性魚類はどのように回遊し産卵場に回帰するのか，またどのように産卵場・成育場の環境を保全することができるかを解明し，研究成果を社会に還元することを目指している。
『サケ学入門』（分担執筆，北海道大学出版会，2009），『サケ学大全』（分担執筆，北海道大学出版会，2013），『Physiology and Ecolpgy of Fish Migration』（Ueda H and Tsukamoto K ed., CRC Press, 2013）など
序章・第5章執筆

三陸のサケ――復興のシンボル

2015年2月25日　第1刷発行

編著者　上田　宏
発行者　櫻井　義秀

発行所　北海道大学出版会
札幌市北区北9条西8丁目 北海道大学構内（〒060-0809）
Tel. 011(747)2308・Fax. 011(736)8605・http://www.hup.gr.jp

㈱アイワード

ISBN978-4-8329-8218-5